Ausgeführte
Eisenbetonkonstruktionen

Neunundzwanzig Beispiele aus der Praxis

von

Dipl.-Ing. **Otto Hausen**

Mit 125 Textfiguren

Springer-Verlag Berlin Heidelberg GmbH 1919

ISBN 978-3-662-39291-1   ISBN 978-3-662-40324-2 (eBook)
DOI 10.1007/978-3-662-40324-2

Alle Rechte,
insbesondere das der Übersetzung in fremde Sprachen, vorbehalten.

Vorwort.

Die nachstehende Abhandlung enthält die Berechnung einer größeren Anzahl von Eisenbetonkonstruktionen, welche von dem Verfasser nach den ministeriellen Bestimmungen vom 13. Jan. 1916 berechnet und unter der Bauleitung desselben ausgeführt worden sind. Vor den Beispielen ist die Entwickelung der in den Beispielen zur Anwendung gebrachten Formeln gegeben.

Ein Hauptgewicht wurde auf die richtige Formgebung und Lage der Eiseneinlagen gelegt, weshalb am Schlusse eines jeden Beispiels sämtliche für die Ausführung erforderlichen Eiseneinlagen genau skizziert worden sind und für jeden Fall ein Eisenverzeichnis beigefügt worden ist.

Eine besondere Berücksichtigung fand die Anwendung von Eisenbetonpfosten, weil dieselben insbesondere z. B. bei leichten Stützwänden wesentliche Vorteile gegenüber anderen Konstruktionen bieten.

Bei Anwendung der Bezeichnungen wurde nach folgenden Normen verfahren:

a, m etc. (römische kleine Buchstaben) bezeichnen eine Linie, Koordinate, Seite etc., sind also Ausdrücke der 1. Dimension;

A, F etc. (römische große Buchstaben) $= a^2$ bezeichnen eine Fläche etc., sind also Ausdrücke der 2. Dimension;

$\mathfrak{A}$, $\mathfrak{B}$ etc. (arabische große Buchstaben) $= a^3$ bezeichnen ein Volumen etc., sind also Ausdrücke der 3. Dimension;

Θ, Φ etc. (griechische große Buchstaben) $= A \cdot a^2$ bezeichnen ein Trägheitsmoment etc., sind also Ausdrücke der 4. Dimension;

α, γ etc. (griechische kleine Buchstaben) $= \dfrac{a}{b}$, $\dfrac{A}{F}$ etc. bezeichnen eine absolute Größe, Zahl, Winkel, Koeffizient etc., sind also Ausdrücke der 0. Dimension;

$\mathfrak{a}$ (arabische kleine Buchstaben) $= \dfrac{1}{a}$ sind Ausdrücke der -1. Dimension.

Alle Ausdrücke, welche mit einer Kraft zusammenhängen, erhalten über dem Buchstaben ein ⌃ (Pfeil).

$\hat{\mathrm{A}}$, $\hat{\mathrm{P}}$, $\hat{\mathrm{S}}$ (römische große Buchstaben mit einem ⌃) bezeichnen eine Kraft;

$\hat{a}$, $\hat{p}$, $\hat{g}$ (römische kleine Buchstaben mit einem ⌃) $= \dfrac{\hat{\mathrm{A}}}{a}$ bezeichnen eine Kraft pro Längeneinheit;

$\hat{\alpha}$, $\hat{\pi}$, $\hat{\gamma}$ (griechische kleine Buchstaben mit einem ⌃) $= \dfrac{\hat{\mathrm{A}}}{a \cdot b}$ bezeichnen eine Kraft pro Flächeneinheit;

$\hat{\mathfrak{a}}$, $\hat{\mathfrak{p}}$, $\hat{\mathfrak{g}}$ (arabische kleine Buchstaben mit einem ⌃) $= \dfrac{\hat{\mathrm{A}}}{a \cdot b \cdot c} = \dfrac{\acute{\mathrm{A}}}{\mathfrak{B}}$ bezeichnen eine Kraft pro Volumeinheit;

$\hat{\mathfrak{A}}$, $\hat{\mathfrak{M}}$ (arabische große Buchstaben mit einem ⌃) $= \mathrm{P} \cdot a$ bezeichnen ein statisches Moment.

Die eingehende Behandlung der verschiedenen Beispiele dürfte das Buch zu einem brauchbaren Hilfsmittel für alle Techniker machen, die sich dem Eisenbetonbau widmen wollen.

Sollten dem Verfasser Anregungen zur Vervollständigung oder Verbesserungsvorschläge zukommen, so ist derselbe hierfür stets dankbar.

Wolfgang, Kreis Hanau, im Dezember 1918.

Otto Hausen.

Inhaltsverzeichnis.

I. Die einfach armierte Platte.

b = Plattenbreite in cm;

$\hat{D}$ = Mittelkraft der gesamten Druckspannungen im Beton in kg;

$\hat{Z}$ = Zugkraft für den gesamten Eisenquerschnitt in kg;

$\hat{\sigma}_b$ = größte Spannung im Beton in kg/cm^2;

$\hat{\sigma}_e$ = Zugspannung im Eisen in kg/cm^2 (sämtliche Zugspannungen der Platte werden von den Eiseneinlagen aufgenommen);

h = Gesamtstärke der Platte in cm;

a = Abstand der Eiseneinlagen vom unteren Rande der Platte in cm (gemessen vom Schwerpunkt des Eisenquerschnittes; nach § 9 Abs. 7 der miniot. Best. muß die Betondecke der Eiseneinlagen an der Unterseite von Platten mindestens 1 cm betragen);

x = Abstand der Nullinie von Plattenoberkante in cm;

F_e = der gesamte in b cm Breite vorhandene Eisenquerschnitt in cm^2;

Druckkraft $\hat{D}$ — Zugkraft $\hat{Z}$;

$$\hat{D} = \hat{\sigma}_b \cdot \frac{x}{2} \cdot b\,;$$

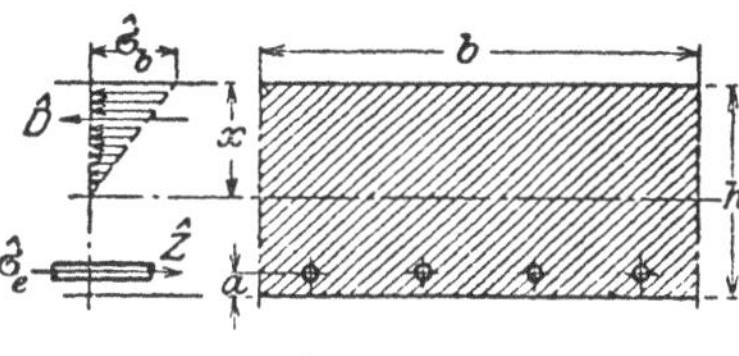

$$F_e = \frac{\hat{Z}}{\hat{\sigma}_e} \quad \text{oder} \quad \hat{Z} = \hat{\sigma}_e \cdot F_e\,;$$

daher

$$\hat{\sigma}_b \cdot \frac{x}{2} \cdot b = \hat{\sigma}_e \cdot F_e \quad . \quad . \quad (+)$$

Fig. 1.

Die Verkürzung des Betons in der äußeren Kante beträgt: $\varDelta l_b = \dfrac{\hat{\sigma}_b}{\hat{\varepsilon}_b} \cdot 1$; hierin bedeutet 1 die Länge der Platte in cm, $\hat{\varepsilon}_b = 140\,000$ kg/cm^2 = Elastizitätsmaß des Betons, d. i. diejenige ideelle Spannung, welche die ursprüngliche Länge des Stabes um das Doppelte vergrößern würde; $\left(\dfrac{1}{\hat{\varepsilon}_b} = \alpha_b \right.$ = Dehnungszahl, d. i. die Verlängerung in cm, welche ein aus dem betreffenden Stoffe bestehender Stab von 1 cm Länge und 1 qcm Querschnitt durch 1 kg Belastung erfährt oder die Zunahme der Einheit der Länge für 1 kg Spannung); ebenso beträgt die Dehnung des Eisens: $\Delta l_e = \dfrac{\hat{\sigma}_e}{\hat{\varepsilon}_e} \cdot 1$; $\hat{\varepsilon}_e = 2\,100\,000\ \text{kg/cm}^2 = $ Elastizitätsmaß des Eisens.

Die Dehnungen verhalten sich wie die Abstände von der Nulllinie (s. minist. Best. § 17 Abs. 1), daher:

$$\frac{\Delta l_b}{\Delta l_e} = \frac{x}{(h-a-x)} \quad \text{und} \quad \frac{\hat{\sigma}_b}{\hat{\varepsilon}_b \cdot x} \cdot 1 = \frac{\hat{\sigma}_e}{\hat{\varepsilon}_e \cdot (h-a-x)} \cdot 1;$$

führt man noch $\dfrac{\hat{\varepsilon}_e}{\hat{\varepsilon}_b} = \nu \cdot = 15$ ein, so wird $\dfrac{\hat{\sigma}_b}{\hat{\sigma}_e} = \dfrac{x}{\nu \cdot (h-a-x)}$; diesen Wert in die obige Gleichung (+) eingesetzt, ergibt

$$F_e = \frac{x}{\nu \cdot (h-a-x)} \cdot \frac{x\,b}{2};$$

$$*\, x^2 b = 2 \cdot \nu \cdot (h-a-x) \cdot F_e;$$

$$x^2 = \frac{2\nu \cdot (h-a) \cdot F_e}{b} - \frac{2\nu \cdot F_e \cdot x}{b};$$

$$x^2 + 2 \cdot \left(\frac{\nu \cdot F_e}{b}\right) \cdot x + \left(\frac{\nu \cdot F_e}{b}\right)^2 = \frac{2\nu \cdot (h-a)\, F_e}{b} + \left(\frac{\nu \cdot F_e^2}{b}\right);$$

$$x + \frac{\nu \cdot F_e}{b} = \sqrt{\left(\frac{\nu \cdot F_e}{b}\right)^2 + \left(\frac{\nu \cdot F_e}{b}\right)^2 \cdot \frac{2\,b\,(h-a)}{\nu \cdot F_e}};$$

$$x = \frac{\nu \cdot F_e}{b} \cdot \left[\sqrt{1 + \frac{2\,b \cdot (h-a)}{\nu \cdot F_e}} - 1\right] \quad \ldots \ldots \ldots \quad (1)$$

Aus der Gleichsetzung der Momente für die inneren und für die äußeren Kräfte folgt:

$$\hat{\mathfrak{M}} = \hat{\sigma}_b \cdot \frac{x}{2} \cdot b \cdot \left(h - a - \frac{x}{3}\right) = \hat{\sigma}_e \cdot F_e \cdot \left(h - a - \frac{x}{3}\right);$$

hieraus findet sich:

$$\hat{\sigma}_b = \frac{2 \cdot \hat{\mathfrak{M}}}{b \cdot x \cdot \left(h - a - \dfrac{x}{3}\right)} \quad \ldots \ldots \ldots \quad (2)$$

$$\hat{\sigma}_e = \frac{\hat{\mathfrak{M}}}{F_e \cdot \left(h - a - \dfrac{x}{3}\right)} \quad \ldots \ldots \ldots \quad (3)$$

aus der obigen Gleichung

$$\frac{\hat{\sigma}_b}{\hat{\sigma}_e} = \frac{x}{\nu \cdot (h-a-x)}; \qquad x = \frac{\nu \cdot \hat{\sigma}_b}{\hat{\sigma}_e + \nu \cdot \hat{\sigma}_b} \cdot (h-a);$$

setzt man $\dfrac{\nu \cdot \hat{\sigma}_b}{\hat{\sigma}_e + \nu \cdot \hat{\sigma}_b} = \sigma$ so ist: $x = \sigma \cdot (h - a)$.

Diesen Wert in Gleichung (2) eingesetzt, gibt:

$$\hat{\sigma}_b \cdot b \cdot \sigma \cdot (h - a)\left[h - a - \frac{\sigma \cdot (h - a)}{3}\right] = 2\hat{\mathfrak{M}};$$

$$h - a = \sqrt{\frac{2}{\hat{\sigma}_b \cdot \sigma \cdot \left(1 - \dfrac{\sigma}{3}\right)}} \cdot \sqrt{\frac{\hat{\mathfrak{M}}}{b}} = \varsigma \cdot \sqrt{\frac{\hat{\mathfrak{M}}}{b}};$$

Werte in kg/cm² von		Zugehörige Werte von			Betonmischung
$\hat{\sigma}_e$	$\hat{\sigma}_b$	$x = \sigma \cdot (h - a)$	$h - a = \varsigma \cdot \sqrt{\dfrac{\hat{\mathfrak{M}}}{b}}$	$F_e = \tau \cdot \sqrt{\hat{\mathfrak{M}} \cdot b}$	
1200	50	$0{,}385 \cdot (h - a)$	$0{,}345 \cdot \sqrt{\dfrac{\hat{\mathfrak{M}}}{b}}$	$0{,}00277 \cdot \sqrt{\hat{\mathfrak{M}} \cdot b}$	
"	48	$0{,}375 \cdot$ "	$0{,}356 \cdot$ "	$0{,}00268 \cdot$ "	
"	46	$0{,}365 \cdot$ "	$0{,}368 \cdot$ "	$0{,}00258 \cdot$ "	
"	44	$0{,}355 \cdot$ "	$0{,}381 \cdot$ "	$0{,}00248 \cdot$ "	
"	42	$0{,}345 \cdot$ "	$0{,}395 \cdot$ "	$0{,}00238 \cdot$ "	
"	40	$0{,}333 \cdot$ "	$0{,}411 \cdot$ "	$0{,}00228 \cdot$ "	1:4
1200	38	$0{,}322 \cdot$ "	$0{,}428 \cdot$ "	$0{,}00218 \cdot$ "	1:4½
"	36	$0{,}310 \cdot$ "	$0{,}447$ "	$0{,}00208 \cdot$ "	1:5
"	34	$0{,}298 \cdot$ "	$0{,}468 \cdot$ "	$0{,}00198 \cdot$ "	1:5½
"	32	$0{,}286 \cdot$ "	$0{,}491 \cdot$ "	$0{,}00188 \cdot$ "	1:6
"	30	$0{,}273 \cdot$ "	$0{,}519 \cdot$ "	$0{,}00177 \cdot$ "	1:6½
"	28	$0{,}259 \cdot$ "	$0{,}549 \cdot$ "	$0{,}00166 \cdot$ "	
"	26	$0{,}245 \cdot$ "	$0{,}585 \cdot$ "	$0{,}00155 \cdot$ "	
"	24	$0{,}231 \cdot$ "	$0{,}625 \cdot$ "	$0{,}00144 \cdot$ "	
"	22	$0{,}216 \cdot$ "	$0{,}673 \cdot$ "	$0{,}00133 \cdot$ "	
"	20	$0{,}200 \cdot$ "	$0{,}732 \cdot$ "	$0{,}00122 \cdot$ "	
"	18	$0{,}184 \cdot$ "	$0{,}802 \cdot$ "	$0{,}00111 \cdot$ "	
"	16	$0{,}167 \cdot$ "	$0{,}891 \cdot$ "	$0{,}00099 \cdot$ "	
1000	40	$0{,}375 \cdot$ "	$0{,}390 \cdot$ "	$0{,}00293 \cdot$ "	
"	38	$0{,}363 \cdot$ "	$0{,}406 \cdot$ "	$0{,}00280 \cdot$ "	
"	36	$0{,}351 \cdot$ "	$0{,}423 \cdot$ "	$0{,}00267 \cdot$ "	
"	34	$0{,}338 \cdot$ "	$0{,}443 \cdot$ "	$0{,}00254 \cdot$ "	
"	32	$0{,}325 \cdot$ "	$0{,}464 \cdot$ "	$0{,}00242 \cdot$ "	
"	30	$0{,}310 \cdot$ "	$0{,}490 \cdot$ "	$0{,}00228 \cdot$ "	
"	28	$0{,}296 \cdot$ "	$0{,}518 \cdot$ "	$0{,}00214 \cdot$ "	
"	26	$0{,}280 \cdot$ "	$0{,}550 \cdot$ "	$0{,}00200 \cdot$ "	
"	24	$0{,}265 \cdot$ "	$0{,}588 \cdot$ "	$0{,}00187 \cdot$ "	
"	22	$0{,}248 \cdot$ "	$0{,}632 \cdot$ "	$0{,}00173 \cdot$ "	
"	20	$0{,}230 \cdot$ "	$0{,}686 \cdot$ "	$0{,}00159 \cdot$ "	
900	40	$0{,}400 \cdot$ "	$0{,}380 \cdot$ "	$0{,}00337 \cdot$ "	
"	35	$0{,}368 \cdot$ "	$0{,}420 \cdot$ "	$0{,}00302 \cdot$ "	
"	30	$0{,}333 \cdot$ "	$0{,}475 \cdot$ "	$0{,}00262 \cdot$ "	
"	25	$0{,}294 \cdot$ "	$0{,}549 \cdot$ "	$0{,}00224 \cdot$ "	
"	20	$0{,}250 \cdot$ "	$0{,}660 \cdot$ "	$0{,}00184 \cdot$ "	
800	40	$0{,}429 \cdot$ "	$0{,}367 \cdot$ "	$0{,}00397 \cdot$ "	
"	35	$0{,}396 \cdot$ "	$0{,}408 \cdot$ "	$0{,}00353 \cdot$ "	
"	30	$0{,}360 \cdot$ "	$0{,}459 \cdot$ "	$0{,}00309 \cdot$ "	
"	25	$0{,}319 \cdot$ "	$0{,}530 \cdot$ "	$0{,}00264 \cdot$ "	
"	20	$0{,}273 \cdot$ "	$0{,}635 \cdot$ "	$0{,}00217 \cdot$ "	

aus Gleichung (3) ergibt sich ferner:

$$F_e = \frac{\hat{\mathfrak{M}}}{\hat{\sigma}_e \cdot \left(h - a - \dfrac{\sigma \cdot (h - a)}{3}\right)}$$

oder wenn $h - a = \varsigma \cdot \sqrt{\dfrac{\hat{\mathfrak{M}}}{b}}$ eingesetzt wird:

$$F_e = \frac{\hat{\mathfrak{M}}}{\hat{\sigma}_e \cdot \varsigma \cdot \sqrt{\dfrac{\hat{\mathfrak{M}}}{b}\left(1 - \dfrac{\sigma}{3}\right)}} = \frac{1}{\varsigma \cdot \hat{\sigma}_e \left(1 - \dfrac{\sigma}{3}\right)} \cdot \sqrt{\hat{\mathfrak{M}} \cdot b} = \tau \cdot \sqrt{\hat{\mathfrak{M}} \cdot b};$$

die hiernach für verschiedene Spannungen von $\hat{\sigma}_e$ und $\hat{\sigma}_b$ sich ergebenden Werte von x, $h - a$ und F_e zeigt vorstehende Zusammenstellung.

Diese Zusammenstellung läßt sich auch für Plattenbalken anwenden, bei welchen die Nullinie in der Platte liegt oder mit der Plattenunterkante zusammenfällt.

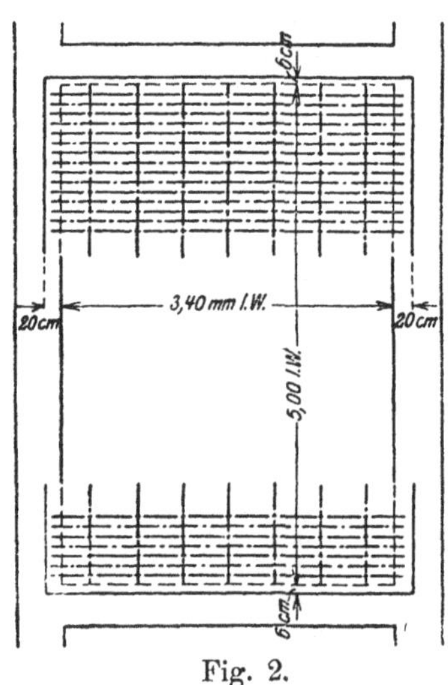

Fig. 2.

Beispiel 1: In einem Wohnhaus soll ein Raum von 3,40 m lichter Breite und 5,00 m lichter Länge unter einem Wohnzimmer mit einer Eisenbetondecke überdeckt werden.

Nach § 16 Absatz 2 der minist. Best. ist bei frei aufliegenden Platten die Lichtweite des Raumes zuzüglich der Deckenstärke in Feldmitte als Stützweite einzuführen, daher: $1 = 3,40\,\text{m} + 0,15\,\text{m} = 3,55\,\text{m}$; gleichmäßig verteilte Belastung für 1,00 m Breite (Nutzlast, Belag und Eigengewicht):

$$\hat{p} = 250\,\text{kg/m} + 50\,\text{kg/m}$$
$$+ 0,15\,\text{m} \cdot 2400\,\text{kg/m}^2 = 660\,\text{kg/m};$$

Maximalbelastungsmoment für Trägermitte:

$$\hat{M} = \tfrac{1}{8} \cdot 660\,\text{kg/m} \cdot (3,55\,\text{m})^2 = 1040\,\text{mkg};$$

für $\hat{\sigma}_b = 40\,\text{kg/cm}^2$ und $\hat{\sigma}_e = 1200\,\text{kg/cm}^2$ ist nach der obigen Tabelle:

$$h - a = 0,411 \cdot \sqrt{\frac{104\,000\,\text{cmkg}}{100\,\text{cm}}} = 13,3\,\text{cm}; \quad a \geqq 1,5\,\text{cm}; \quad h = 15\,\text{cm};$$

$$F_e = 0,00228 \cdot \sqrt{104\,000\,\text{cmkg} \cdot 100\,\text{cm}} = 7,35\,\text{cm}^2;$$

gewählt werden $9^1/_2$ Rundeisen pro lfd. Meter mit einem Querschnitt

$= 7,45\,cm^2$. In der Richtung der Trageisen läßt man die Decke auf jeder Seite 20 cm, in der anderen Richtung je 6 cm übergreifen.

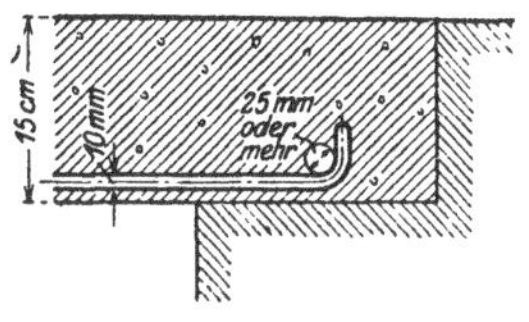

Fig. 3.

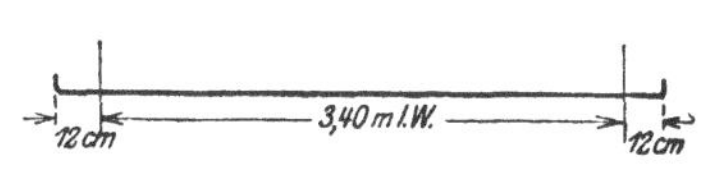

Fig. 4.

Rundeisenverzeichnis: $5,00\,m \cdot 9^1/_2 - {}^1/_2 = 47$ Stück Trageisen $d = 10\,mm$ 3,74 m lang; außerdem werden quer zu diesen Eisen in Abständen von ca. 50 cm Verteilungseisen angebracht, im ganzen 7 Stück $d = 8\,mm$ (ohne Haken) 5,00 m lang.

Beispiel 2: Die obige Decke wird in der Richtung der Trageisen durch eine 13 cm starke, 3,50 m hohe Zwischenwand (Backsteinmauerwerk) belastet.

Nach § 16 Abs. 9 der minist. Best. darf hier die Breite des Plattenbalkens nicht größer genommen werden als die zweifache Höhe desselben; diese Breite kann jedoch mit Rücksicht darauf, daß sich die Belastung auf eine Breite von 13 cm verteilt, um dieses Maß größer angenommen werden.

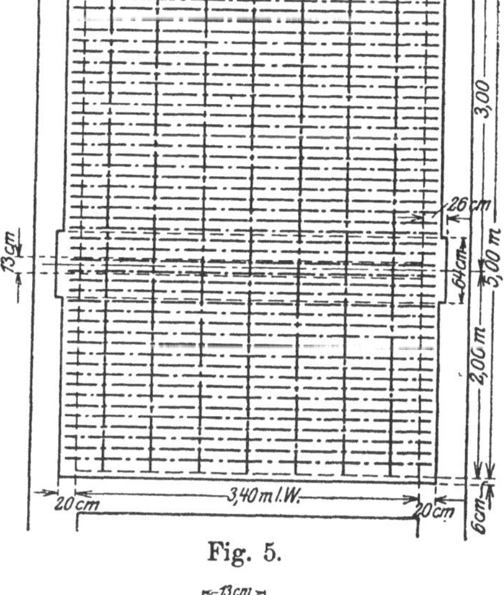

Fig. 5.

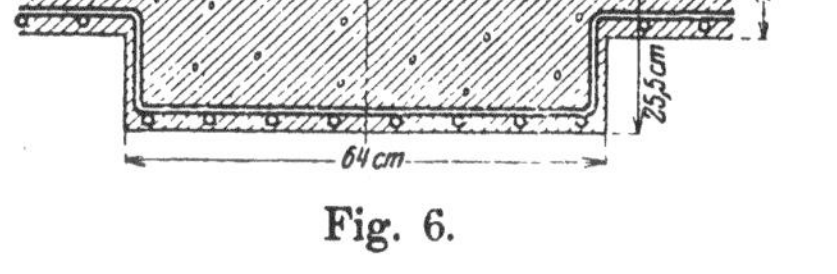

Fig. 6.

Stützweite:

$l = 3,40\,m + 0,255\,m = 3,655\,m$;

$b = 2 \cdot 25,5\,cm + 13\,cm = 64\,cm$;

gleichmäßig verteilte Belastung der Deckenverstärkung (Nutzlast, Belag, Eigengewicht und Zwischenwand):

$$\hat{p} = (0,64\,m - 0,13\,m) \cdot (250\,kg/m^2 + 50\,kg/m^2 + 0,255\,m \cdot 2400\,kg/m^3) + 0,13\,m \cdot 3,50\,m \cdot 1800\,kg/m^3 =$$
$$= 1284\,kg/m;$$

$$\mathfrak{M} = \tfrac{1}{8} \cdot 1284\,kg/m \cdot (3,655\,m)^2 = 2144\,mkg;$$

für $\hat{\sigma}_b = 40 \, \text{kg/cm}^2$ und $\hat{\sigma}_e = 1200 \, \text{kg/cm}^2$ wird

$$h - a = 0{,}411 \cdot \sqrt{\frac{214\,400 \, \text{cmkg}}{64 \, \text{cm}}} = 23{,}8 \, \text{cm}; \quad h = 25{,}5 \, \text{cm};$$

$$F_e = 0{,}00228 \cdot \sqrt{214\,400 \, \text{cmkg} \cdot 64 \, \text{cm}} = 8{,}45 \, \text{cm}^2;$$

gewählt werden 8 Rundeisen $d = 12 \, \text{mm}$ mit einem Querschnitt von $9{,}04 \, \text{cm}^2$.

Eisenverzeichnis für die ganze Decke:

1) $[(3{,}00 \, \text{m} - \frac{1}{2} \cdot 0{,}64 \, \text{m}) \cdot 9\frac{1}{2} - \frac{1}{2}] + [(2{,}00 \, \text{m} - \frac{1}{2} \cdot 0{,}64 \, \text{m}) \cdot 9\frac{1}{2} - 1] = 25 + 15 = 40$ Stück Trageisen für die Decke $d = 10 \, \text{mm}$ $3{,}74 \, \text{m}$ lang;

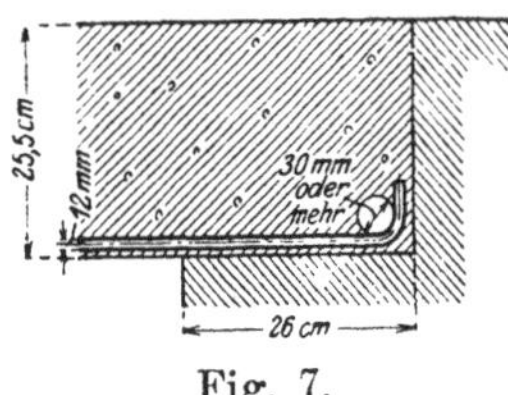

Fig. 7.

2) 8 Stück Trageisen für die Deckenverstärkung $d = 12 \, \text{mm}$ $3{,}92 \, \text{m}$ lang;

3) 7 Stück Verteilungseisen $d = 8 \, \text{mm}$ $5{,}21 \, \text{m}$ lang.

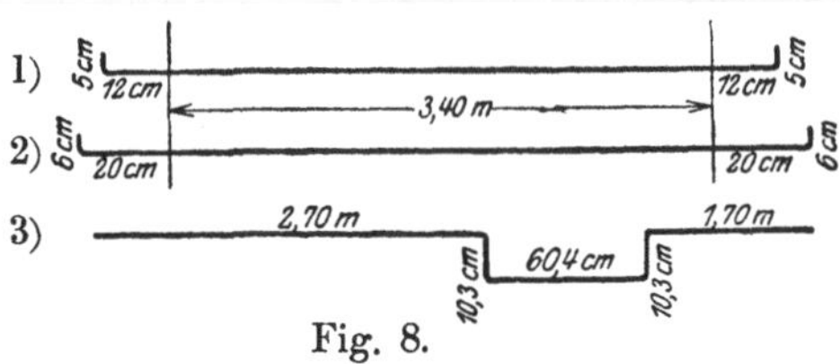

Fig. 8.

Beispiel 3: Die Eisenbetondecke im Beispiel 1 ist außer über dem obigen Raum auch noch über dem anstoßenden Gang von $2{,}00 \, \text{m}$ lichter Breite durchzuführen.

Bei Platten und Balken, welche über mehrere Felder hindurchgehen, darf, unter Voraussetzung freier Auflagerung auf den Mittel- und Endstützen, das Biegungsmoment in den Feldmitten zu $^4/_5$ des Wertes angenommen werden, der bei einer auf 2 Stützen frei aufliegender Platte vorhanden sein würde.

a) Decke unter dem Wohnraum:

Stützweite:

$$l = 3{,}40 \, \text{m} + \frac{1}{2} \cdot 0{,}13 \, \text{m} + 3 \cdot 2{,}5 \, \text{cm} = 3{,}54 \, \text{m};$$

gleichmäßig verteilte Belastung (Nutzlast, Belag und Eigengewicht):

$$\hat{p} = (250 \, \text{kg/m}^2 + 50 \, \text{kg/m}^2 + 0{,}13 \, \text{m} \cdot 2400 \, \text{kg/m}^3) \cdot 1{,}00 \, \text{m} = 612 \, \text{kg/m};$$

$$\hat{\mathfrak{M}} = \frac{1}{10} \cdot 612 \, \text{kg/m} \cdot (3{,}54 \, \text{m})^2 = 767 \, \text{m/kg};$$

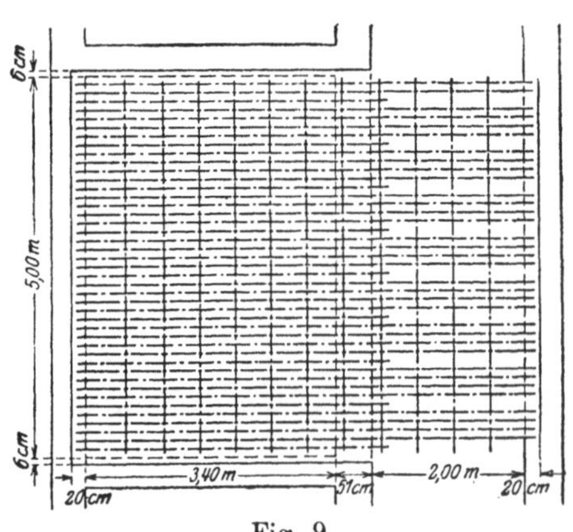

Fig. 9.

für $\hat{\sigma}_b = 40\,\text{kg/cm}^2$ und $\hat{\sigma}_e = 1200\,\text{kg/cm}^2$ ist

$$h - a = 0{,}411 \cdot \sqrt{\frac{76\,700\,\text{cmkg}}{100\,\text{cm}}} = 11{,}4\,\text{cm}\,;\quad h = 13\,\text{cm}\,;$$

$$F_e = 0{,}00228 \cdot \sqrt{76\,700\,\text{cmkg} \cdot 100\,\text{cm}} = 6{,}32\,\text{cm}^2\,;$$

gewählt werden $8^1/_2$ Rundeisen $d = 10\,\text{mm}$ mit einem Querschnitt von 6,67 cm².

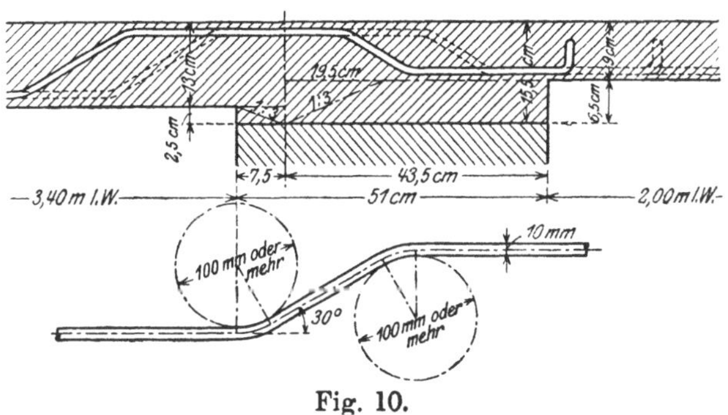

Fig. 10.

b) Decke über dem Gang:

Stützweite: $l = 2{,}00\,\text{m} + 0{,}435\,\text{m} + \tfrac{1}{2} \cdot 0{,}090\,\text{m} = 2{,}48\,\text{m}\,;$

$\hat{p} = (250\,\text{kg/m}^2 + 50\,\text{kg/m}^2 + 0{,}090\,\text{m} \cdot 2400\,\text{kg/m}^3 = 516\,\text{kg/m}\,;$

$$\hat{\mathfrak{M}} = \tfrac{1}{10} \cdot 516\,\text{kg/m} \cdot (2{,}48\,\text{m})^2 = 317\,\text{mkg}\,;$$

$$h - a = 0{,}411 \cdot \sqrt{\frac{31\,700\,\text{cmkg}}{100\,\text{cm}}} = 7{,}3\,\text{cm}\,;\quad h = 9\,\text{cm}\,;$$

$$F_e = 0{,}00228 \cdot \sqrt{31\,700\,\text{cmkg} \cdot 100\,\text{cm}} = 4{,}06\,\text{cm}^2\,;$$

gewählt werden 7 Rundeisen $d = 10\,\text{mm}$ mit einem Querschnitt von 5,50 cm². (Nach § 16 Abs. 12 der minist. Best. darf bei vollen Deckenplatten der Eisenabstand in der Gegend der größten Momente 15 cm nicht überschreiten.)

c) Decke über der Mauer zwischen den beiden Decken a) und b).

Über den Stützen ist das negative Biegungsmoment so groß zu nehmen, wie das Feldmoment bei beiderseits freier Auflagerung:

$$\hat{\mathfrak{M}} = -\tfrac{1}{8} \cdot 612\,\text{kg/m} \cdot (3{,}54\,\text{m})^2 = -959\,\text{mkg}\,;$$

wenn man mit dem unter a) angenommenen Eisenquerschnitt auskommen will, so ist die Platte über der Mauer entsprechend zu verstärken; am einfachsten wird diese Verstärkung bestimmt, indem der Koeffizient r in der Tabelle S. 3 so gewählt wird, daß der Eisenquerschnitt genügt; dies ist der Fall für $\hat{\sigma}_b = 36$ kg/cm² und $\hat{\sigma}_e$ = 1200 kg/cm²:

$$F_e = 0{,}00208 \cdot \sqrt{95\,900 \text{ cmkg} \cdot 100 \text{ cm}} = 6{,}45 \text{ cm}^2;$$

vorhanden sind $8^1/_2$ Rundeisen d = 10 mm mit einem Querschnitt von 6,67 cm², wenn sämtliche Rundeisen aufgebogen werden;

$$h - a = 0{,}447 \cdot \sqrt{\frac{95\,900 \text{ cm/kg}}{100 \text{ cm}}} = 13{,}9 \text{ cm}; \quad h = 15{,}5 \text{ cm}.$$

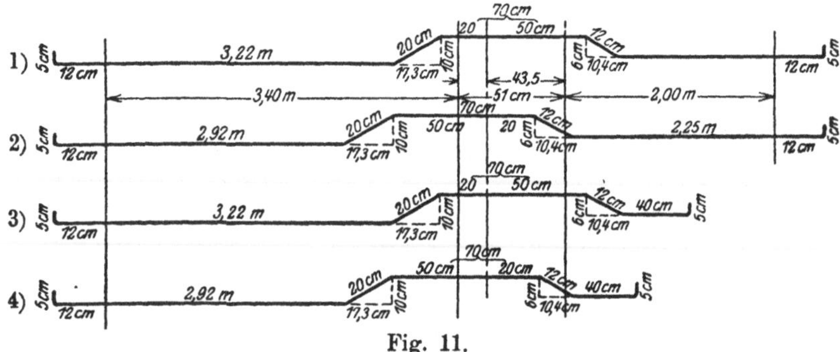

Fig. 11.

Eisenverzeichnis:

1) $\frac{1}{2} \cdot (7 \cdot 5{,}00 \text{ m} - 1) = 17$ Stück d = 10 mm 6,29 m lang;
2) 17 Stück d = 10 mm 6,29 m lang;
3) $\frac{1}{2} \cdot (8^1/_2 \cdot 5{,}00 \text{ m} - 1) - 17 = 4$ Stück d = 10 mm 4,74 m lang;
4) 4 Stück d = 10 mm 4,44 m lang;
    10 Verteilungseisen d = 8 mm 5,00 m lang (ohne Hacken).

II. Die doppelt armierte Platte.

F_e = Querschnitt der unteren Eiseneinlagen in cm²; $F_e{}'$ = desgl. der oberen in cm²; a, a′ = Abstand der Rundeisenmittel von dem unteren bzw. von dem oberen Betonrand;

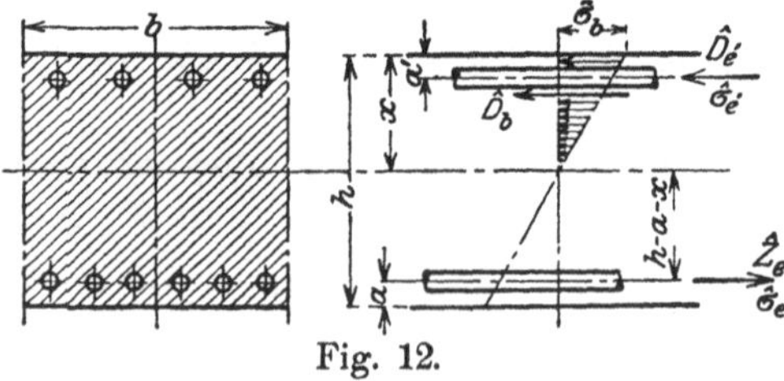

Fig. 12.

$\hat{\sigma}_e$, $\hat{\sigma}_e{}'$ = Spannung der unteren bzw. der oberen Eiseneinlagen;

$$\hat{D}_b + \hat{D}_e{}' = \hat{Z}_e \quad \cdot \quad \cdot \quad \cdot \quad \cdot \quad \cdot \quad \cdot \quad (1);$$

$$\hat{D}_b = \frac{x \cdot \hat{\sigma}_b}{2} \cdot b$$ bei Vernachlässigung der geringen Querschnittsverminderung des Betondruckgurtes durch die oberen Eiseneinlagen;

$$\hat{D}_e{}' = F_e{}' \cdot \hat{\sigma}_e{}' ; \quad \hat{Z}_e = F_e \cdot \hat{\sigma}_e ;$$

$$\frac{x \cdot \hat{\sigma}_b}{2} \cdot b + F_e{}' \cdot \hat{\sigma}_e{}' = F_e \cdot \hat{\sigma}_e \quad . \quad . \quad . \quad . \quad (2);$$

da die Spannungen proportional ihrem Abstand von der Nullinie wachsen, so ist:

$$\frac{\hat{\sigma}_b}{x} = \frac{\hat{\sigma}_e}{\nu \cdot (h - a - x)} ; \quad \hat{\sigma}_e = \frac{\hat{\sigma}_b}{x} \cdot \nu \cdot (h - a - x) \quad . \quad . \quad (3);$$

$$\frac{\hat{\sigma}_b}{x} = \frac{\hat{\sigma}_e}{\nu \cdot (x - a')} ; \quad \hat{\sigma}_e = \frac{\hat{\sigma}_b}{x} \cdot \nu \cdot (x - a') \quad . \quad , \quad . \quad . \quad (4);$$

setzt man die Werte von $\hat{\sigma}_e$ und $\hat{\sigma}_e{}'$ aus den Gleichungen (3) und (4) in die Gleichung (2) ein, so ergibt sich:

$$\frac{x}{2} \cdot \hat{\sigma}_b \cdot b + F_e{}' \cdot \frac{\hat{\sigma}_b}{x} \cdot \nu \cdot (x - a') = F_e \cdot \frac{\hat{\sigma}_b}{x} \cdot (h - a - x) \cdot \nu ;$$

multipliziert man alle Glieder dieser Gleichung mit $\dfrac{2 \cdot x}{\hat{\sigma}_b}$, so wird:

$$x^2 \cdot b + F_e{}' \cdot 2 \cdot \nu \cdot (x - a') = 2 F_e \cdot \nu \cdot (h - a - x);$$

$$x^2 + \frac{2 \cdot \nu \cdot (F_e + F_e{}') \cdot x}{b} = \frac{2\nu}{b} \cdot \{F_e \cdot (h - a) + F_e{}' \cdot a'\}$$

$$x = - \frac{\nu \cdot (F_e + F_e{}')}{b} +$$

$$+ \sqrt{\left[\frac{\nu \cdot (F_e + F_e{}')}{b}\right]^2 + \frac{2 \cdot \nu}{b} \cdot (F_e (h - a) + F_e{}' a'} \qquad (5);$$

sind die unteren und oberen Eiseneinlagen einander gleich, also $F_e = F_e{}'$, so ist:

$$x = \frac{2 \cdot \nu \cdot F_e}{b} \cdot \left[\sqrt{1 + \frac{b \cdot (h - a + a')}{2 \cdot \nu \cdot F_e}} - 1\right] \quad . \quad . \quad (6);$$

mit dem unteren Eisenmittel als Drehpunkt wird:

$$\hat{\mathfrak{M}} = \frac{b \cdot \hat{\sigma}_b \cdot x}{2} \cdot \left(h - a - \frac{x}{3}\right) + F_e{}' \cdot \hat{\sigma}_e{}' \cdot (h - a - a');$$

setzt man in diese Gleichung $\hat{\sigma}_e$ aus Gleichung (4) ein, so wird:

$$\hat{\sigma}_b = \frac{\hat{\mathfrak{M}}}{\dfrac{b \cdot x}{2} \cdot \left(h - a - \dfrac{x}{3}\right) + \hat{\nu} \cdot F_e{}' \cdot \dfrac{x - a'}{x} \cdot (h - a - a')} \qquad (7);$$

man kann auch den gemeinsamen Schwerpunkt des Betons und der Eiseneinlagen in der Druckzone bestimmen aus:

$$y^1 = \dfrac{\dfrac{b\cdot x}{2}\cdot \hat{\sigma}_b\cdot \tfrac{2}{3}\cdot x + \hat{\sigma}_e{}'\cdot F_e{}'\cdot(x - a')}{\dfrac{b\cdot x}{2}\cdot \hat{\sigma}_b + \hat{\sigma}_e{}'\cdot F_e{}'} = \dfrac{\dfrac{b\cdot x^3}{3} + \nu\cdot F_e{}'(x - a')^2}{\dfrac{b\cdot x^2}{2} + \nu\cdot F_e{}'\cdot(x - a')} \quad (8);$$

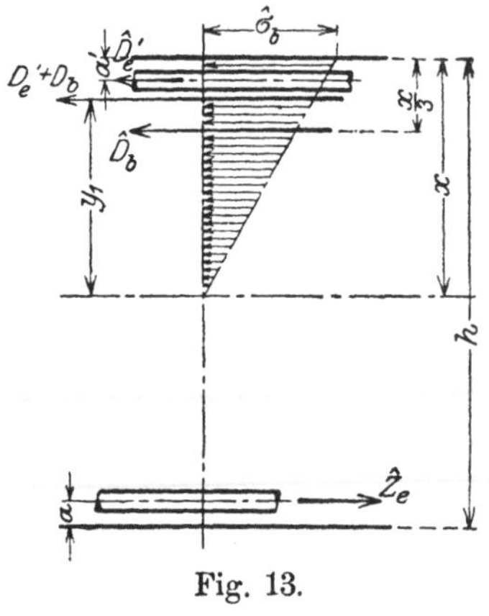

Fig. 13.

ferner ist:

$$\hat{\mathfrak{M}} = F_e\cdot \hat{\sigma}_e\cdot(h - a - x + y_1)\ . \quad (9).$$

Beispiel 4: Die Decke c) in dem Beispiel 3 über der Wand zwischen den beiden Decken a) und b) soll keine größere Dicke erhalten als die Decke a), nämlich **13 cm**.

In diesem Falle ist doppelte Armierung anzuwenden:

$$\hat{\mathfrak{M}} = -959\ \text{mkg};$$
$$h = 13\ \text{cm};$$
$$a = a' = 1,5\ \text{cm};$$
$$F_e = F_e{}' = 7,85\ \text{cm}^2\ (10 \times d = 10\ \text{mm});$$

$$x = \frac{2\cdot 15\cdot 7,85\ \text{cm}^2}{100\ \text{cm}}\cdot\left[\sqrt{1 - \frac{13\ \text{cm}}{2,36\ \text{cm}}} - 1\right] = 3,66\ \text{cm};$$

$$\hat{\sigma}_b = \frac{95\,900\ \text{cmkg}}{\dfrac{100\ \text{cm}\cdot 3,66\ \text{cm}}{2}\cdot(11,5\ \text{cm} - 1,22\ \text{cm}) + 15\cdot 7,85\ \text{cm}^2\cdot\dfrac{2,16\ \text{cm}}{3,66\ \text{cm}}\cdot 10\ \text{cm}}$$
$$= 37,2\ \text{kg/cm}^2;$$

$$\hat{\sigma}_e = \frac{37,2\ \text{kg/cm}^2\cdot 15}{3,66\ \text{cm}}\cdot(11,5\ \text{cm} - 3,66\ \text{cm}) = 1194\ \text{kg/cm}^2;$$

$$\hat{\sigma}_e{}' = \frac{37,2\ \text{kg/cm}^2\cdot 15}{3,66\ \text{cm}}\cdot(3,66\ \text{cm} - 1,5\ \text{cm}) = 329\ \text{kg/cm}^2.$$

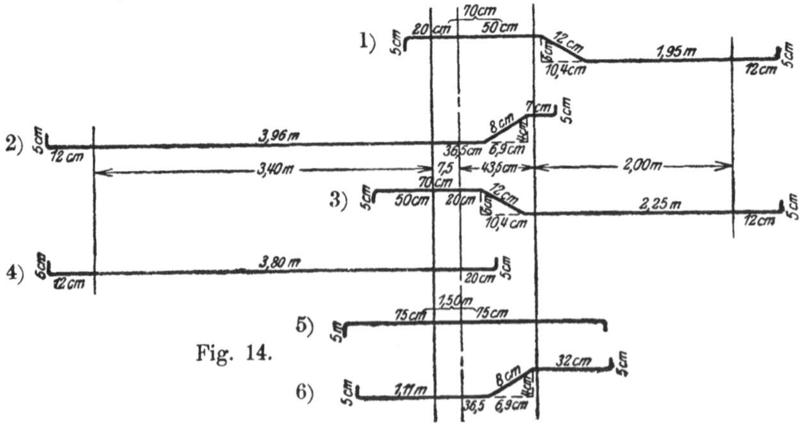

Fig. 14.

Eisenverzeichnis:

1) $\frac{1}{2} \cdot (7 \cdot 5,00\,\text{m} - 1) = 17$ Stück d $= 10\,\text{mm}$ 2,87 m lang;
2) $\frac{1}{2} \cdot (8^{1}/_{2} \cdot 5,00\,\text{m} - 1) = 21$ Stück d $= 10\,\text{mm}$ 4,21 m lang;
3) 17 Stück d $= 10\,\text{mm}$ 3,17 m lang;
4) 17 Stück d $= 10\,\text{mm}$ 3,90 m lang;
5) $10 \cdot 5,00\,\text{m} - 1 - 2 \cdot 17 = 15$ Stück d $= 10\,\text{mm}$ 1,60 m lang;
6) $10 \cdot 5,00\,\text{m} - 1 - 2 \cdot 21 = 7$ Stück d $= 10\,\text{mm}$ 1,61 m lang;
   12 Verteilungseisen d $= 8\,\text{mm}$ 5,00 m lang (ohne Haken).

III. Schubfestigkeit.

Wirken auf einen Körper parallel zu einem Querschnitt Kräfte, so wird derselbe auf Schub beansprucht; die Beanspruchung des Betonquerschnittes ergibt sich in diesem Falle zu:

$$\hat{\sigma}_b = \frac{\hat{Q}}{F_b};$$

ein Zusammenarbeiten von Beton und Eisen ist in diesem Falle nicht so, daß außer dem Betonquerschnitt auch noch der 15-fache Eisenquerschnitt in Rechnung gestellt werden kann; die Eiseneinlagen erhöhen allerdings die Schubfestigkeit wesentlich; es wurde daher auch z. B. von Zipkes die Schubfestigkeit bei unbewehrtem Beton zu 25 kg/cm² und bei bewehrtem Beton zu 57 kg/cm² festgestellt; die Schub-

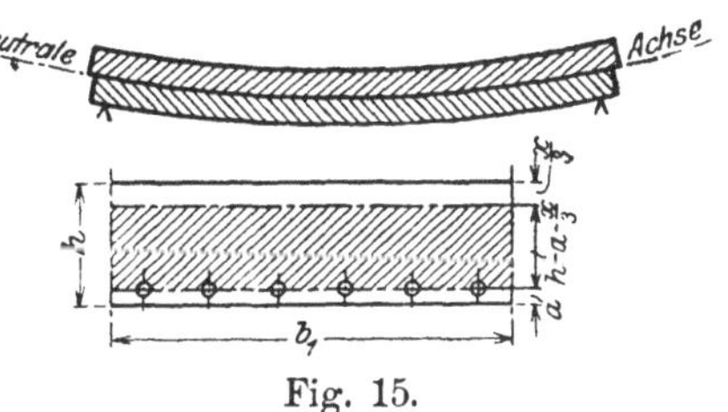

Fig. 15.

spannungen senkrecht zur Platte sind überhaupt nur gering, weshalb dieselben außer Betracht bleiben können.

Außer diesen Schubspannungen senkrecht zur Längsachse des Balkens treten jedoch auch solche in der Richtung der Längsachse auf, und zwar wird angenommen, daß der Balken das Bestreben hat, sich in der neutralen Achse loszutrennen; diese Schubkraft ist am Auflager am größten und zwar ist sie proportional der Querkraft und umgekehrt proportional dem Querschnitt zwischen Zug- und Druckmittelpunkt; nach § 18 Abs. 10 der minist. Best. ist:

$$\hat{\tau}_0 = \frac{\hat{Q}}{b \cdot \left(h - a - \dfrac{x}{3}\right)} \quad \cdot \quad \cdot \quad \cdot \quad \cdot \quad \cdot \quad \cdot \quad (10);$$

obwohl theoretisch die Richtigkeit dieser Formel nicht nachweisbar ist (es ist kein Grund vorhanden, daß sich der Balken gerade in der neutralen Achse trennt), so ist doch anzuerkennen, daß dieselbe praktisch gute Resultate liefert, indem die zur Aufnahme der größeren Schubspannungen anzuordnenden Stabaufbiegungen oder Bügel, welche die Eisen in der Zugzone mit der Druckzone des Balkens verbinden, die Festigkeit der Balken in äußerst wirksamer Weise erhöhen.

Stabaufbiegungen: Ist der nach den minist. Best. zulässige Wert von $\hat{\tau}_0 = 4,0\,\mathrm{kg/cm^2}$ überschritten, so sind nach § 17 Abs. 4 der minist. Best. die Anordnungen so zu treffen, daß die Schubspannungen in denjenigen Balkenteilen, wo der für Beton zulässige Wert von 4 kg/cm² überschritten wird, durch aufgebogene Eisen, durch Bügel oder durch beide zusammen **vollkommen** aufgenommen werden.

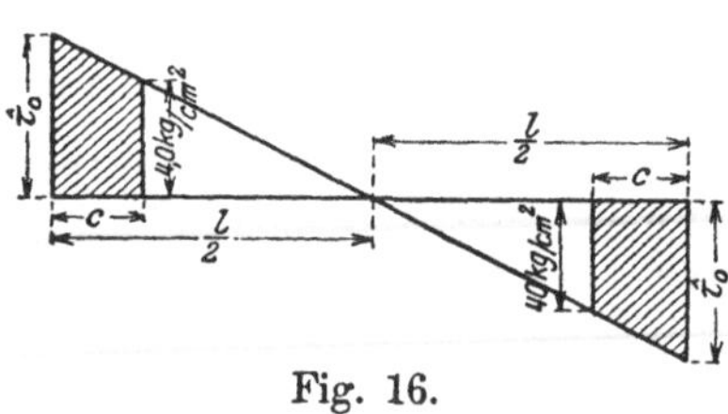

Fig. 16.

Es wird angenommen, daß die Maximalschubspannung am Auflager eintritt ($\hat{\tau}_0$) und gegen die Mitte des Balkens gleichmäßig bis auf 0 abnimmt. Die Entfernung vom Auflager, an welcher die zulässige Schubspannung erreicht wird und von welcher ab mit den Stabaufbiegungen zu beginnen ist, findet sich nach der nebenstehenden Figur zu:

$$c = \frac{\hat{\tau}_0 - 4,0\,\mathrm{kg/cm^2}}{\hat{\tau}_0} \cdot \frac{1}{2} \quad \ldots \ldots \quad (11);$$

die gesamte unter 45° gerichtete Zugkraft, welche von den aufgebogenen Eisen aufzunehmen ist, beträgt:

$$\hat{Z} = \frac{c \cdot b_1 \cdot (\hat{\tau}_0 + 4,0\,\mathrm{kg/cm^2})}{\sqrt{2} \cdot 2} = 0,353 \cdot c \cdot b_1 \cdot (\hat{\tau}_0 + 4,0\,\mathrm{kg/cm^2});$$

für $\hat{\sigma}_e = 1200\,\mathrm{kg/cm^2}$ ist der erforderliche Gesamtquerschnitt der Aufbiegungen;

$$F_c' = \frac{\hat{Z}}{\hat{\sigma}_e} = \frac{0,294}{1000} \cdot c \cdot b_1 \cdot (\hat{\tau}_0 + 4,0\,\mathrm{kg/cm^2}) \quad . \quad . \quad (12).$$

Bügel: Sollen durch Anordnung von Bügeln die obigen Schubspannungen aufgenommen werden, so werden die Bügel gleichfalls auf Schub in Anspruch genommen; nimmt man die Schubspannung des Eisens zu $^4/_5 \cdot 1200\,\mathrm{kg/cm^2} = 960\,\mathrm{kg/cm^2}$ an, so ist der Gesamtquerschnitt der erforderlichen Bügeleisen;

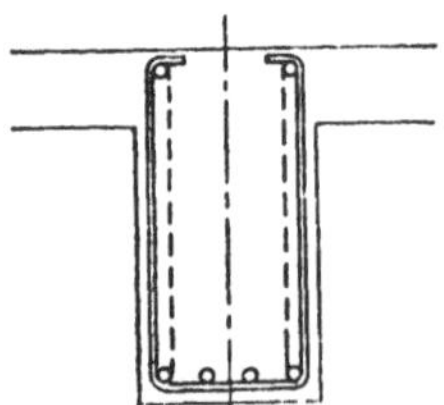

Fig. 17.

$$F_c = \frac{1}{960}\,\mathrm{kg/cm^2} \cdot b_1 \cdot c \cdot \frac{\hat{\tau}_0 + 4,0\,\mathrm{kg/cm^2}}{2}$$

$$= \frac{0,502}{1000} \cdot b_1 \cdot c \cdot (\hat{\tau}_0 + 4,0\,\mathrm{kg/cm^2}) \quad (13)$$

und, wenn α die Anzahl der Bügel für eine Balkenhälfte und F den Querschnitt einer Bügellage bedeutet:

$$\alpha = \frac{F_0}{F} \quad \ldots \quad \ldots \quad (14);$$

kommen die Bügel sehr eng zusammen, so können dieselben auch so angeordnet werden, daß sie nur einen Teil der Rundeisen umfassen; in jedem Falle ist jedoch die Anordnung so zu treffen, daß ein größerer Teil der Bügel die sämtlichen Rundeisen umfaßt.

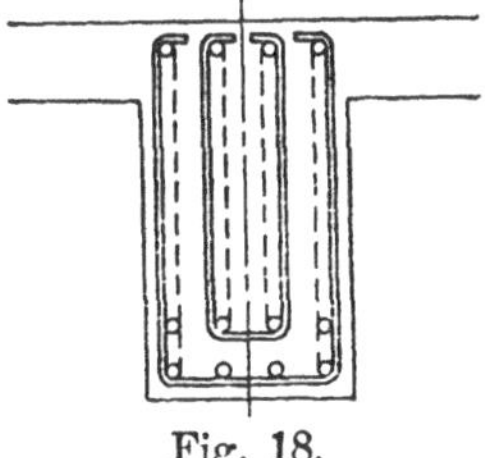

Fig. 18.

Graphisches Verfahren zur Ermittelung der Bügelteilung. Am Auflager wird die berechnete Schubspannung $\hat{\tau}_0$ aufgetragen und der Endpunkt von $\hat{\tau}_0$ mit dem Trägermittel verbunden. Es wird nun die Entfernung c vom Auflager bestimmt; für den Querschnitt daselbst ist die Schubspannung 4,0 kg/cm²; über der Strecke c, welche entsprechend der auf die Strecke c treffenden Bügelzahl in α gleiche Teile eingeteilt wird, wird ein Halbkreis errichtet; in den einzelnen Teilpunkten werden Senkrechte zur Trägerrichtung gezogen bis zum Schnitt mit dem Halbkreis; durch diese Schnittpunkte werden

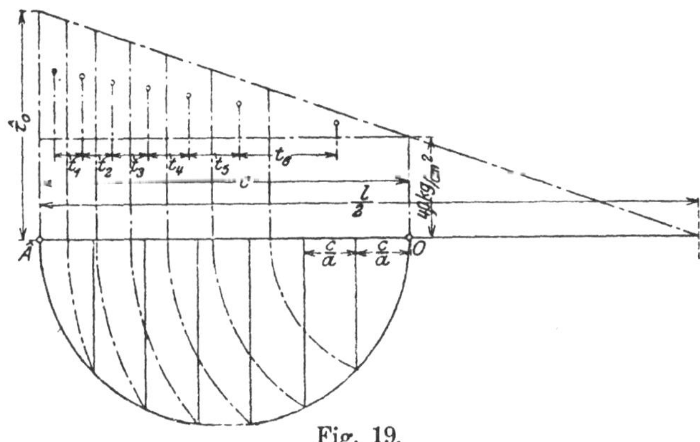

Fig. 19.

von dem Mittelpunkt O (immer Schnittpunkt des Halbkreises mit dem Balkenmittel) aus Kreisbogen geschlagen bis zum Schnitt mit dem Balkenmittel; in den letzteren Schnittpunkten werden nun Senkrechte auf das Balkenmittel errichtet bis zum Schnitt mit der oben erwähnten Verbindungslinie (Endpunkt $\hat{\tau}_0$-Balkenmittel); die Abstände der Mittel von den durch die letzten Senkrechten begrenzten Feldern ergeben sodann die gesuchten Bügelentfernungen t_1 bis t_6; die Bügelteilung t_6 läßt man bis zum Balkenmittel durchgehen, während man auch vor dem Auflager noch 1—2 Bügel anordnet, damit die Enden der Balkeneisen ebenfalls noch zusammen gehalten werden.

IV. Haftfestigkeit.

Die Schubspannung auf b_1 cm Breite ist:

$$\hat{Q}_1 = b_1 \cdot \hat{\tau}_0;$$

dieser Schubspannung muß die Adhäsion des Betons an dem Eisen Widerstand leisten, folglich muß

$$b_1 \cdot \hat{\tau}_0 = u \cdot \hat{\tau}_1$$

sein, worin u den gesamten Umfang der Eiseneinlagen bedeutet; hieraus ergibt sich die Größe der Haftspannung zu

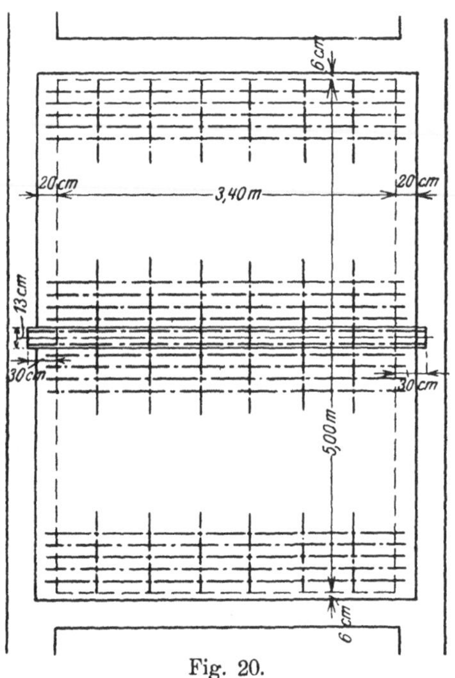

Fig. 20.

$$\hat{\tau}_1 = \frac{b_1 \hat{\tau}_0}{u} \quad . \quad . \quad . \quad (15).$$

Beispiel 5: Die in dem Beispiel 2 aufgeführte 3,50 m hohe Zwischenwand soll durch einen Überzug abgetragen werden:

$$l = 3,40\,\text{m} = 2 \cdot 0,15\,\text{m} = $$
$$= 3,70\,\text{m};$$
$$b_1 = 0,13\,\text{m};$$

gleichmäßig verteilte Belastung durch Wand und Eigengewicht:

$$\hat{p} = 0,13\,\text{m} \cdot 3,18\,\text{m} \cdot 1800\,\text{kg/m}^3$$
$$+ 0,13\,\text{m} \cdot 0,47\,\text{m} \cdot 2400\,\text{kg/m}^3$$
$$= 891\,\text{kg/m};$$
$$\hat{\mathfrak{M}} = \tfrac{1}{8} \cdot 891\,\text{kg/m} \cdot 3,70\,\text{m}^2 = $$
$$= 1525\,\text{m/kg};$$

für $\hat{\sigma}_b = 40\,\text{kg/cm}^2$ und $\hat{\sigma}_e = 1200\,\text{kg/cm}^2$ ist nach der Tabelle S. 3:

$$h - a = 0{,}411 \cdot \sqrt{\frac{152\,500\,\text{cmkg}}{13\,\text{cm}}} = 44{,}5\,\text{cm}; \qquad h = 47\,\text{cm}.$$

Die Überdeckung der Bügel an den Rippen muß nach § 9 Abs. 5 mindestens 1,5 cm betragen;

$$F_e = 0{,}00228 \cdot \sqrt{152\,500\,\text{cmkg} \cdot 13\,\text{cm}} = 3{,}2\,\text{cm}^2;$$

gewählt werden $3 \times d = 12$ mm mit 3,39 cm².

Spez. Flächendruck der Balkenauflager auf das Mauerwerk

$$\hat{\gamma} = \frac{\tfrac{1}{2} \cdot 3{,}70\,\text{m} \cdot 891\,\text{kg/m}}{30\,\text{cm} \cdot 13\,\text{cm}} = 4{,}2\,\text{kg/cm}^2;$$

$$x = 0{,}333 \cdot 44{,}5\,\text{cm} = 14{,}8\,\text{cm};$$

$$\text{Schubspannung;} \quad \hat{\tau}_0 = \frac{1648\,\text{kg}}{13\,\text{cm} \cdot (44{,}5\,\text{cm} - 4{,}93\,\text{cm})} = 3{,}2\,\text{kg/cm}^2;$$

$$\text{Haftspannung:} \quad \hat{\tau}_1 = \frac{3{,}2\,\text{kg/cm}^2 \cdot 13\,\text{cm}}{3 \cdot 1{,}2\,\text{cm} \cdot 3{,}14} = 3{,}7\,\text{kg/cm}^2;$$

die Schubspannung bleibt unter der zulässigen Grenze von 4,0 kg/cm² (minist. Best. § 18 Abs. 10); ebenso die Haftspannung (4,5 kg/cm² (minist. Best. § 18 Abs. 11).

Es ist trotzdem zweckmäßig, die beiden äußeren Rundeisen hochzulegen; der unten verloren gegangene Querschnitt wird wegen der Haftspannung durch Schlaufen d = 6 mm ersetzt; außerdem werden noch 8 Bügel d = 6 mm angebracht.

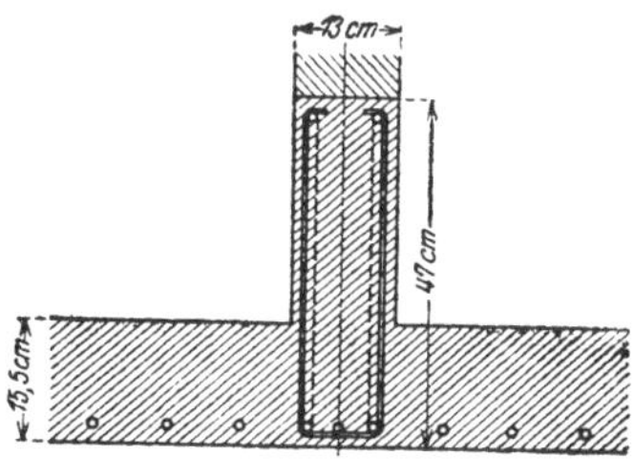

Fig. 21.

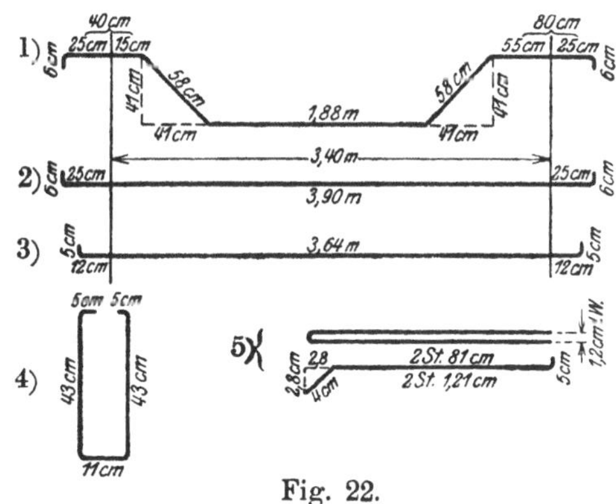

Fig. 22.

Rundeisenverzeichnis:

1) 2 äußere Rundeisen zum Überzug d = 12 mm 4,36 m lang;
2) 1 mittleres Rundeisen zum Überzug d = 12 mm 4,02 m lang;
3) (5,00 m — 0,13 m) · 9½ — 2 = 43 Deckeneisen d = 10 mm 3,74 m lang;
   6 Verteilungseisen d = 8 mm 5,00 m lang;
4) 8 Bügel d = 6 mm 1,07 m lang;
5) { 2 Schlaufen d = 6 mm 1,81 m lang;
   { 2 Schlaufen d = 6 mm 2,61 m lang.

Beispiel 6: Ein Raum von 3,40 m lichter Breite und 5,00 m lichter Länge soll mit einer kreuzweise armierten Decke versehen werden; über der Decke befindet sich ein Wohnraum.

$$l_1 = 5{,}00\,\text{m} + 0{,}14\,\text{m} = 5{,}14\,\text{m}; \quad l_2 = 3{,}40\,\text{m} + 0{,}14\,\text{m} = 3{,}54\,\text{m}:$$

nach § 16 Abs. 11 der minist. Best. ist die Belastung wie folgt zu verteilen; in der Längsrichtung $\hat{p}_{e1} = \dfrac{l_2^4}{l_1^4 + l_2^4} \cdot \hat{p}$ und in der Richtung der Breite $\hat{p}_{e2} = \dfrac{l_1^4}{l_1^4 + l_2^4} \cdot \hat{p}$; gleichmäßig verteilte Belastung (Nutzlast, Eigengewicht und Belag):

$$\hat{p} = 250\,\text{kg/m} + 0{,}14 \cdot 2400\,\text{kg/m}^2 + 50\,\text{kg} = 636\,\text{kg/m};$$

$$\hat{p}_{l1} = \frac{156}{697 + 156} \cdot 636\,\text{kg/m} = 116\,\text{kg/m};$$

$$\hat{p}_{l2} = \frac{697}{697 + 156} \cdot 636\,\text{kg/m} = 520\,\text{kg/m};$$

$$\mathfrak{M}_{l1} = \tfrac{1}{8} \cdot 116\,\text{kg/m} \cdot (5{,}14\,\text{m})^2 = 383\,\text{mkg};$$

$$\mathfrak{M}_{l2} = \tfrac{1}{8} \cdot 520\,\text{kg/m} \cdot (3{,}54)^2 = 814\,\text{mkg}.$$

Querschnitt in der Längsrichtung:

$$h - a = 0{,}411 \cdot \sqrt{\frac{81\,400\,\text{cmkg}}{100\,\text{cm}}} = 11{,}6\,\text{cm};$$

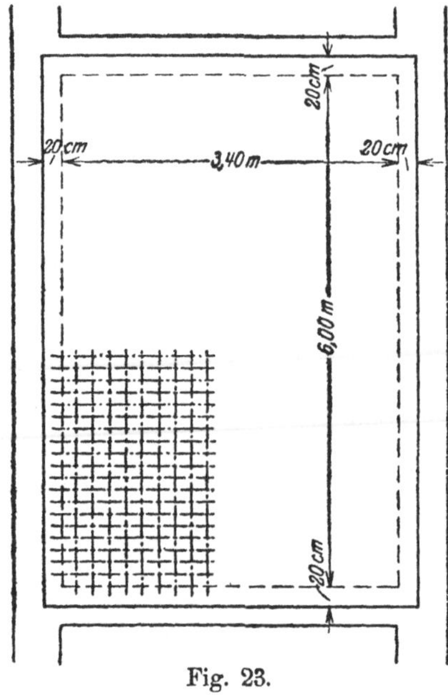

Fig. 23.

$$h = 11{,}6\,\text{cm} + \tfrac{1}{2} \cdot 1{,}0\,\text{cm} + 0{,}8\,\text{cm} + 1{,}0\,\text{cm} = 13{,}9\,\text{cm}, \text{ rund } 14\,\text{cm}.$$

$$F_{e\,l2} = 0{,}00228 \cdot \sqrt{81\,400\,\text{cmkg} \cdot 100\,\text{cm}} = 6{,}51\,\text{cm}^2;$$

gewählt werden $8\tfrac{1}{2} \times d = 10\,\text{mm}$ mit $6{,}67\,\text{cm}^2$.

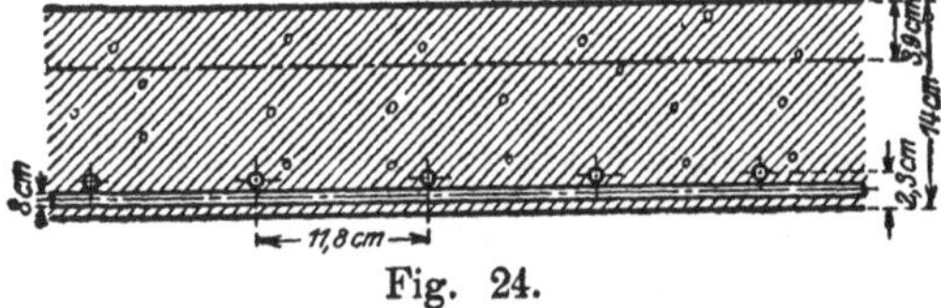

Fig. 24.

Querschnitt in Richtung der Breite:
für $\hat{\sigma}_b = 24\,\text{kg/cm}^2$ und $\hat{\sigma}_e = 1200\,\text{kg/cm}^2$ ist

$$h - a = 0{,}625 \cdot \sqrt{\frac{38\,300\,\text{cmkg}}{100\,\text{cm}}} = 12{,}3\,\text{cm};$$

Fig. 25.

$$h = 12{,}3\ \text{cm} + \tfrac{1}{2} \cdot 0{,}8\ \text{cm} + 1{,}0\ \text{cm} = 13{,}7\ \text{cm}\ \text{rund}\ 14\ \text{cm};$$

$$F_{e\,1} = 0{,}00144 \cdot \sqrt{38\,300\ \text{cmkg} \cdot 100\ \text{cm}} = 2{,}82\ \text{cm}^2;$$

gewählt werden $6 \times d = 8\ \text{mm}$ mit $3{,}02\ \text{cm}^2$.

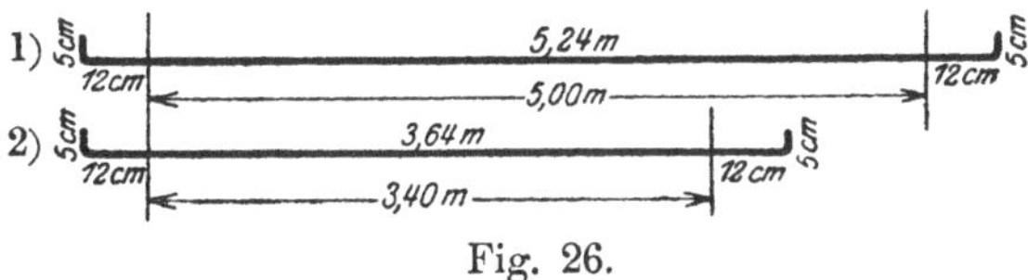

Fig. 26.

Rundeisenverzeichnis:

1) $3{,}40\ \text{m} \cdot 6 - 1 = 20$ Stück $d = 8\ \text{mm}\ 5{,}34\ \text{m}$ lang;
2) $5{,}00\ \text{m} \cdot 8^{1}/_{2} - 1 = 42$ Stück $d = 10\ \text{mm}\ 3{,}74\ \text{m}$ lang.

Gegenüber der Decke im Beispiel 1 beträgt die Ersparnis an Beton:

$$3{,}80\ \text{m} \cdot 5{,}12\ \text{m} \cdot 0{,}15\ \text{m} - 3{,}80\ \text{m} \cdot 5{,}40\ \text{m} \cdot 0{,}14 = 0{,}045\ \text{cbm}.$$

Der Mehrverbrauch an Rundeisen:

$$42 \cdot 3{,}74\ \text{cm} \cdot 0{,}617\ \text{kg/cm} + 20 \cdot 5{,}34\ \text{cm} \cdot 0{,}395\ \text{kg/cm}$$
$$- 47 \cdot 3{,}74\ \text{cm} \cdot 0{,}617\ \text{kg/cm} - 7 \cdot 5{,}00\ \text{cm} \cdot 0{,}395\ \text{kg/cm} = 16\ \text{kg}.$$

Eine Ersparnis an Material wird erst dann eintreten, wenn sich die Form der Decke mehr dem Quadrat nähert.

V. Berücksichtigung der Betonzugspannungen.

Bei einfacher Eiseneinlage wird entsprechend der Gleichung * auf S. 2:

$$\frac{b \cdot x^2}{2} = \frac{b \cdot (h - x)^2}{2} + \nu \cdot F_e \cdot (h - a - x)$$

also $$x = \dfrac{\dfrac{b \cdot h^2}{2} + \nu \cdot F_e \cdot (h - a)}{b \cdot h + \nu \cdot F_e} \qquad (16);$$

aus der Gleichsetzung der Zug- und Druckkräfte folgt:

$$b \cdot x \cdot \frac{\hat{\sigma}_{bd}}{2} = b \cdot (h - x) \cdot \frac{\hat{\sigma}_{bz}}{2} + \acute{\sigma}_e \cdot F_e;$$

und aus der Proportionalität von Dehnungen und Spannungen:

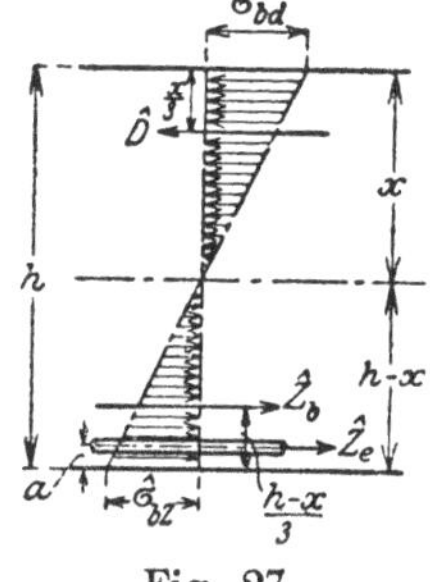
Fig. 27.

$$\hat{\sigma}_{bz} = \frac{h - x}{x} \cdot \hat{\sigma}_{bd}; \qquad \hat{\sigma}_e = \nu \cdot \frac{h - a - x}{x} \cdot \hat{\sigma}_{bd} \quad . \quad (17);$$

die Gleichsetzung der Momente für die inneren und äußeren Kräfte
ergibt:

$$\mathfrak{M} = b \cdot x \cdot \frac{\hat{\sigma}_{bd}}{2} \cdot \tfrac{2}{3} \cdot x + b \cdot (h-x) \cdot \frac{\hat{\sigma}_{bz}}{2} \cdot \tfrac{2}{3} \cdot (h-x) + \hat{\sigma}_e F_e (h-a-x);$$

woraus mit Hilfe der Gleichungen (17) folgt:

$$\hat{\sigma}_{bd} = \frac{\mathfrak{M} \cdot x}{\dfrac{b \cdot x^3}{3} + \dfrac{b \cdot (h-x)^3}{3} + \nu \cdot F_e \cdot (h-a-x)^2} \qquad . \quad (18).$$

Nach den minist. Best. § 16 Abs. 1 sind bei der Berechnung
der elastischen Formänderungen aller Tragwerke die aus dem vollen
Betonquerschnitt einschl. der Zugzone und aus der zehnfachen Fläche
der Längseisen gebildeten ideellen Querschnittsflächen und die daraus
errechneten Trägheitsmomente ($\nu = 10$), sowie eine für Druck und
Zug im Beton gleich große Formänderungszahl $\left(\hat{E}_b = 210\,000 \text{ kg/cm}^2\right)$
in Rechnung zu stellen. In dem obigen Beispiel 6 soll die Durch-
biegung der Platte ermittelt werden:

Querschnitt in der Längsrichtung.

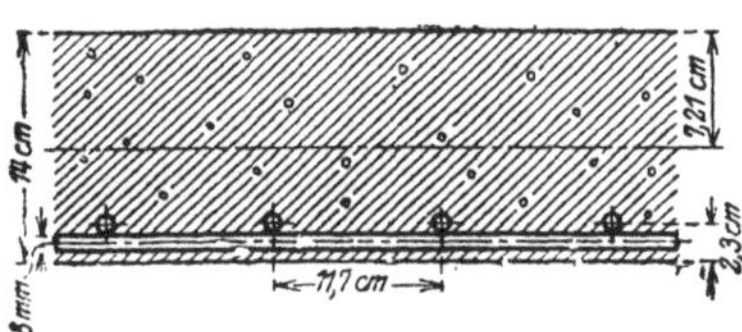

Fig. 28.

Für den Querschnitt in der Längsrichtung ist

$$x_{l_2} = \frac{\dfrac{100\,\text{cm} \cdot (14\,\text{cm})^2}{2} + 10 \cdot 6{,}67\,\text{cm}^2 \cdot 11{,}7\,\text{cm}}{100\,\text{cm} \cdot 14\,\text{cm} + 10 \cdot 6{,}67\,\text{cm}^2} = 7{,}21\,\text{cm}$$

$$\hat{\sigma}_{bd} = \frac{81\,400\,\text{cmkg} \cdot 7{,}21\,\text{cm}}{\dfrac{100\,\text{cm} \cdot (7{,}21\,\text{cm})^3}{3} + \dfrac{100\,\text{cm} \cdot (6{,}79\,\text{cm})^3}{3} + 10 \cdot 6{,}67\,\text{cm}^2 \cdot (4{,}49\,\text{cm})^2}$$
$$= 24{,}2\,\text{kg/cm}^2;$$

$$\hat{\sigma}_{bz} = \frac{6{,}79\,\text{cm}}{7{,}21\,\text{cm}} \cdot 24{,}2\,\text{kg/cm}^2 = 22{,}8\,\text{kg/cm}^2;$$

$$\hat{\sigma}_e = 10 \cdot \frac{4{,}49\,\text{cm}}{7{,}21\,\text{cm}} \cdot 24{,}2\,\text{kg/cm}^2 = 151\,\text{kg/cm}^2.$$

Das ideelle Trägheitsmoment des Querschnittes ist:

$$\Theta_{l_2} = \tfrac{1}{3} \cdot 100\,\text{cm} \cdot [(7{,}21\,\text{cm})^3 + (6{,}79\,\text{cm})^3] + 10 \cdot 6{,}67\,\text{cm}^2 \cdot (4{,}49\,\text{cm})^2$$
$$= 24\,278\,\text{cm}^4;$$

Durchbiegung in der Mitte:

$$f_{l_2} = \frac{5}{384} \cdot \frac{\hat{Q} \cdot l_2^3}{\hat{E} \cdot \Theta_{l_2}} = \frac{5}{384} \cdot \frac{3{,}54\,\text{m} \cdot 520\,\text{kg/m} \cdot (354\,\text{cm}^3)}{210\,000\,\text{kg/cm}^2 \cdot 24\,278\,\text{cm}^4} = 0{,}21\ \text{cm}.$$

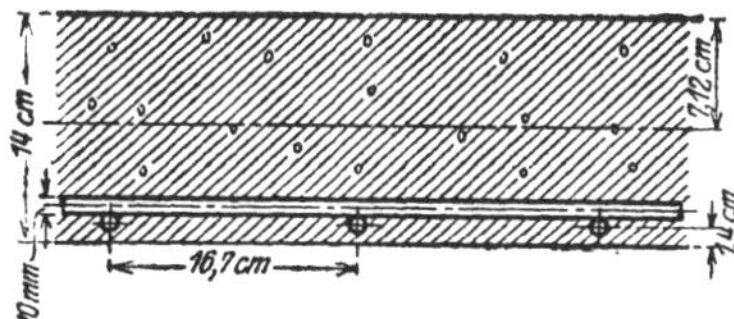

Querschnitt in Richtung der Breite.

Fig. 29.

Für den Querschnitt in Richtung der Breite ist:

$$x_{l_1} = \frac{\dfrac{100\,\text{cm} \cdot (14\,\text{cm})^2}{2} + 10 \cdot 3{,}02\,\text{cm}^2 \cdot 12{,}6\,\text{cm}^2}{100\,\text{cm} \cdot 14\,\text{cm} + 10 \cdot 3{,}02\,\text{cm}^2} = 7{,}12\,\text{cm};$$

$$\hat{\sigma}_{bd} = \frac{38\,300\,\text{cmkg} \cdot 7{,}12\,\text{cm}}{\dfrac{100\,\text{cm} \cdot (7{,}12\,\text{cm})^3}{3} + \dfrac{100\,\text{cm} \cdot (6{,}88\,\text{cm})^3}{3} + 10 \cdot 3{,}02\,\text{cm} \cdot (5{,}48\,\text{cm})^2}$$
$$= 11{,}5\,\text{kg/cm}^2;$$

$$\hat{\sigma}_{bz} = \frac{6{,}88\,\text{cm}}{7{,}12\,\text{cm}} \cdot 11{,}5\,\text{kg/cm}^2 = 11{,}1\,\text{kg/cm}^2;$$

$$\hat{\sigma}_{e} = 10 \cdot \frac{5{,}48\,\text{cm}}{7{,}12\,\text{cm}} \cdot 11{,}5\,\text{kg/cm}^2 = 88\,\text{kg/cm}^2.$$

Das ideelle Trägheitsmoment des Querschnittes ist:

$$\Theta_{l_1} = \tfrac{1}{3} \cdot 100\,\text{cm} \cdot [(7{,}12\,\text{cm})^3 + (6{,}88\,\text{cm})^3] + 10 \cdot 3{,}02\,\text{cm}^2 \cdot (5{,}48\,\text{cm})^2$$
$$= 23\,789\,\text{cm}^4;$$

Durchbiegung in der Mitte:

$$f_{l_1} = \tfrac{5}{384} \cdot \frac{5{,}14\,\text{cm} \cdot 116\,\text{kg/cm} \cdot (514\,\text{cm})^3}{210\,000\,\text{kg/cm}^2 \cdot 23\,789\,\text{cm}^4} = 0{,}21\ \text{cm}.$$

Da $f_{l_1} = f_{l_2}$ ist, ist bewiesen, daß die Lastverteilung nach Längs- und Querrichtung der Platte richtig vorgenommen worden ist.

Beispiel 7: Ein Kellerraum von 7,75 m lichter Breite und 8,90 m lichter Länge unter einem Vorgarten soll mit einer Eisenbetondecke versehen werden. Die Decke erhält eine Asphaltabdeckung und auf dieselbe kommen noch 15 cm Erdreich. In der Mitte des Raumes kann zur Unterstützung der Decke eine Eisenbetonstütze angebracht werden.

Die Decke wird in der Längsrichtung in 4 gleiche Teile geteilt und durch entsprechende Anordnung von 3 Querunterzügen unterstützt; diese Querunterzüge ruhen auf einem in Deckenmitte längs durchlaufenden Hauptunterzug.

2*

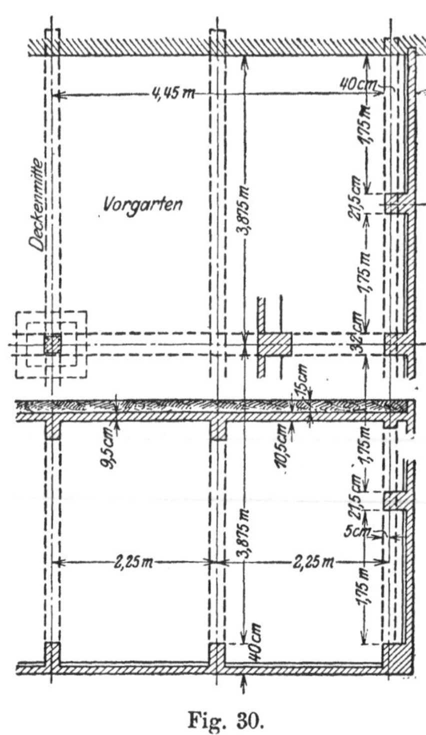

Fig. 30.

Stützweite der Decke:

$$l = \tfrac{1}{4} \cdot (8{,}90\,\text{m} + 0{,}10\,\text{m}) =$$
$$= 2{,}25\,\text{m}.$$

Nach § 16 Abs. 8 der minist. Best. können Platten, die mit Eisenbetonrippen starr verbunden sind, bei annähernd gleicher Feldweite und gleichmäßiger Belastung zur Vereinfachung der Rechnung derart als eingespannt berechnet werden, daß die größten Feldmomente der

Mittelfelder zu $\dfrac{p^1 l^2}{14}$ und der

Endfelder zu $\dfrac{p^1 l^2}{11}$ angenommen

werden.

Mittelfelder: $l = 2{,}25\,\text{m}$; gleichmäßig verteilte Belastung (Nutzlast, Erdreich, Asphalt und Eigengewicht):

$$\hat{p} = 500\,\text{kg/m} + 0{,}15\,\text{m} \cdot 1600$$
$$\text{kg/m}^2 + 50\,\text{kg/m} + 0{,}095\,\text{m} \cdot$$
$$2400\,\text{kg/m}^2 = 1018\,\text{kg/m};$$

$$\mathfrak{M} = \tfrac{1}{14} \cdot 1018\,\text{kg/m} \cdot (2{,}25\,\text{m})^2 = 368\,\text{mkg};$$

$$h - a = 0{,}411 \cdot \sqrt{\dfrac{36\,800\,\text{mkg}}{100\,\text{cm}}} = 7{,}9\,\text{cm};\ h = 9{,}5\,\text{cm} \cdot$$

$$F_e = 0{,}00228 \cdot \sqrt{36\,800\,\text{mkg} \cdot 100\,\text{cm}} = 4{,}38\,\text{cm}^2;$$

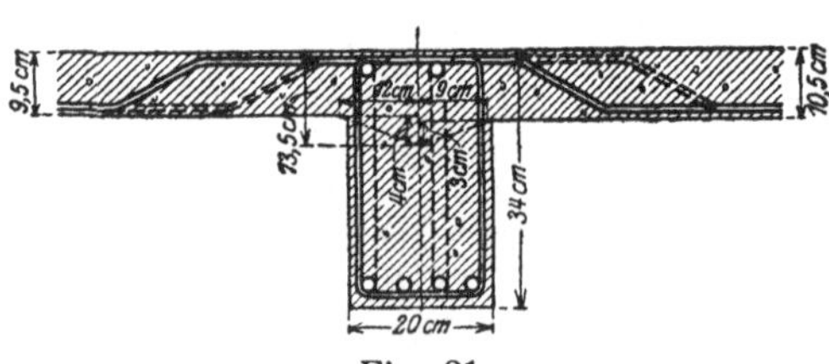

Fig. 31.

gewählt werden $9 \times d = 8\,\text{mm}$ mit $4{,}53\,\text{cm}^2$;

Endfelder: $l = 2{,}25\,\text{m}$;

gleichmäßig verteilte Belastung (Nutzlast, Erdreich, Asphalt und Eigengewicht):

$$\hat{p} = 500 + 240 + 50 + 0{,}105 \text{ m} \cdot 2400 \text{ kg/m}^2 = 1042 \text{ kg/m};$$

$$\hat{\mathfrak{M}} = \tfrac{1}{11} \cdot 1042 \text{ kg/m} \cdot (2{,}25 \text{ m})^2 = 479 \text{ mkg};$$

$$\text{h} - \text{a} = 0{,}411 \cdot \sqrt{\frac{47\,900 \text{ cmkg}}{100 \text{ cm}}} = 8{,}9 \text{ cm}; \quad \text{h} = 10{,}5 \text{ cm};$$

$$F_e = 0{,}00228 \cdot \sqrt{47\,900 \text{ cmkg} \cdot 100 \text{ cm}} = 4{,}99 \text{ cm}^2;$$

gewählt werden $10 \times \text{d} = 8$ mm mit $5{,}03$ cm².

Nach § 16 Abs. 8 der minist. Best. ist an den Rippen vollkommene Einspannung anzunehmen, es ist daher hier das negative Belastungsmoment einzuführen.

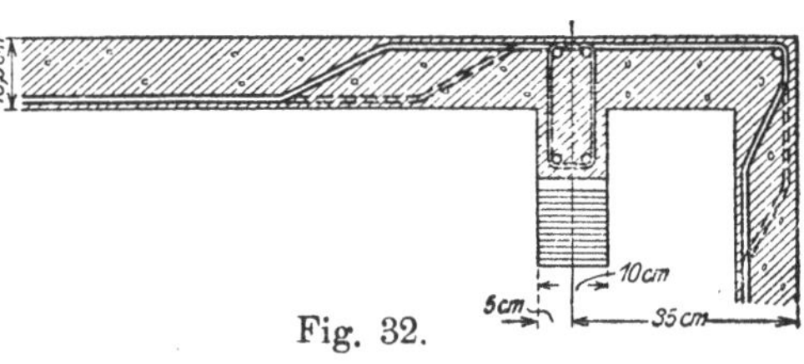

Fig. 32.

Über den beiden äußeren Unterzügen beträgt das negative Belastungsmoment:

$$\hat{\mathfrak{M}} = -\tfrac{1}{8} \cdot 1042 \text{ kg/m} \cdot (2{,}25 \text{ m})^2 = -660 \text{ mkg};$$

für $\overset{\circ}{\sigma}_b = 34$ kg/cm² und $\overset{\circ\circ}{\sigma}_b = 1200$ kg/cm² ist nach der Tabelle S. 4:

$$\text{h} - \text{a} = 0{,}468 \cdot \sqrt{\frac{66\,000 \text{ cmkg}}{100 \text{ cm}}} = 12{,}0 \text{ cm};$$

vorhanden ist: $\text{h} = 13{,}5$ cm;

$$F_e = 0{,}00\,198 \cdot \sqrt{66\,000 \text{ cmkg} \cdot 100 \text{ cm}} = 5{,}08 \text{ cm}^2:$$

vorhanden sind $10 \times \text{d} = 8$ mm mit $5{,}03$ cm².

Das negative Belastungsmoment über dem Unterzug in Deckenmitte ist etwas kleiner; der Querschnitt wird gleich gewählt.

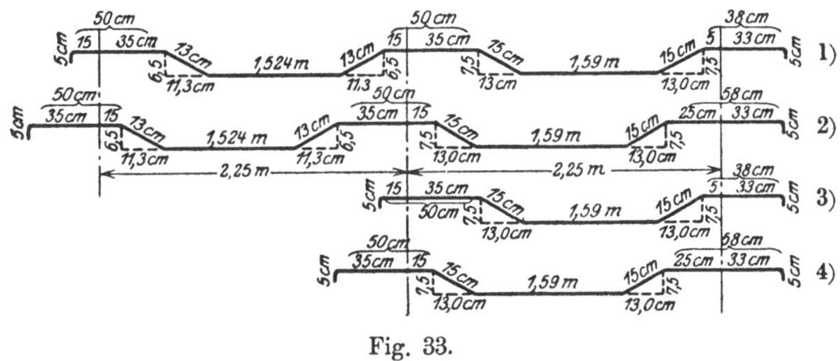

Fig. 33.

Rundeisenverzeichnis:

1) $\tfrac{1}{2} \cdot [(7{,}75 \text{ m} + 0{,}26 \text{ m} - 0{,}45 \text{ m}) \cdot 9 - 2] = 33$ Stück $\text{d} = 8$ mm $5{,}154$ m lang;

2) 33 Stück $d = 8$ mm 5,154 m lang;

3) $\frac{1}{2} \cdot [(7,75\,\text{m} + 0,26\,\text{m} - 0,45\,\text{m}) \cdot 10 - 2] - 33 = 4$ Stück $d = 8$ mm

2,87 m lang;

    4 Stück $d = 8$ mm 3,07 m lang;

4) 14 Verteilungseisen $d = 8$ mm 8,01 m lang.

Nach § 16 Abs. 10 der minist. Best. muß die wirksame Balkenhöhe $(h - a)$ mindestens betragen $^1/_{27}$ der Stützweite bzw. der größten Entfernung der Momenten-Nullpunkte $= \frac{1}{27} \cdot \frac{3}{4} \cdot 2,25\,\text{m} = 6,2\,\text{cm}$; vorhanden ist 8,0 cm.

Beispiel 8: Unterzüge zur Decke im Beispiel 7, Höhe möglichst klein: $l = 3,875\,\text{m} + 0,20\,\text{m} = 4,08\,\text{m}$; die beiden äußeren Unter-züge sind etwas mehr belastet, als der mittlere Unterzug und zwar mit:

$$\hat{p} = 2,25\,\text{m} \cdot \frac{1042\,\text{kg/m} + 1018\,\text{kg/m}}{2} + 0,20\,\text{m} \cdot 0,24\,\text{m} \cdot 2400\,\text{kg/m}^3$$

$$= 2433\,\text{kg/m};$$

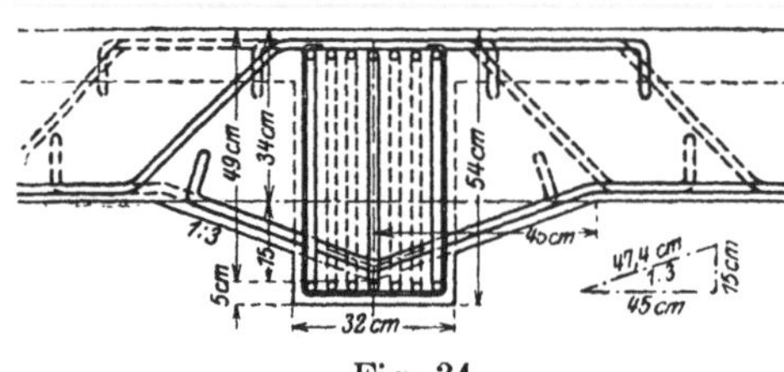

Fig. 34.

das Maximalbelastungsmoment für das Feld beträgt unter Berücksichtigung der Kontinuität, der gleichen Feldweite und der gleichen Belastung nach § 16 Abs. 8 der minist. Best. für Endfelder:

$$\mathfrak{M} = \tfrac{1}{11} \cdot 2433\,\text{kg/m} \cdot (4,08\,\text{m})^2 = 3683\,\text{mkg}.$$

Nach § 16 Abs. 9 der minist. Best. kommt für die Breite der Druckplatte eines Plattenbalkens in Betracht

$$b = 8 \cdot d = 8 \cdot \frac{9,5\,\text{cm} + 10,5\,\text{cm}}{2} = 80\,\text{cm};$$

$$= 2 \cdot h = 2 \cdot 34\,\text{cm} = \mathbf{68}\,\text{cm};$$

$$= 4 \cdot b_1 = 4 \cdot 20\,\text{cm} = 80\,\text{cm};$$

$$= \tfrac{1}{2} \cdot a = \tfrac{1}{2} \cdot 2,25\,\text{cm} = 113\,\text{cm};$$

das kleinste dieser Maße ist zu wählen.

$$h - a = 0,411 \cdot \sqrt{\frac{368\,300\,\text{cmkg}}{68\,\text{cm}}} = 30,2\,\text{cm};$$

$$h \geqq 30,2\,\text{cm} + \tfrac{1}{2} \cdot 1,9\,\text{cm} + 0,6 + 1,5\,\text{cm} = 34\,\text{cm};$$

Breite des Unterzuges

$$b_1 \geqq 4 \cdot 1,9\,\text{cm} + 3 \cdot 2,0\,\text{cm} + 2 \cdot 0,6\,\text{cm} + 2 \cdot 1,5\,\text{cm} = 20\,\text{cm};$$

$$F_e = 0,0028 \cdot \sqrt{368\,300\,\text{cmkg} \cdot 68\,\text{cm}} = 11,4\,\text{cm}^2;$$

gewählt werden $4 \times d = 19$ mm mit 11,3 cm².

Das negative Belastungsmoment in Mitte Hauptunterzug ist:

$$\mathfrak{\hat{M}} = -\tfrac{1}{8} \cdot 2433 \text{ kg/m} \cdot (4{,}08 \text{ m})^2 = 5063 \text{ mkg}.$$

Die Höhe des Unterzuges kann nach § 16 Abs. 4 der minist. Best. zu $h = 0{,}34 \text{ m} + \tfrac{1}{3} \cdot 0{,}450 = 0{,}490 \text{ m}$ angenommen werden.

$$a = a' = 3{,}1 \text{ cm}; \quad F_e = F_e{}' = 11{,}3 \text{ cm}^2 \,(4 \times d = 19 \text{ mm});$$

an jedem Ende werden 2 Rundeisen hochgebogen und an den äußeren Enden der unten verloren gegangene Querschnitt durch Schlaufen $d = 10$ mm ersetzt; über dem Hauptunterzug ist der gesamte Eisenquerschnitt von beiden Unterzügen vorhanden, so daß hier der Beton-Querschnitt als doppelt armiert in Rechnung gesetzt werden kann.

$$x = \frac{\overset{17{,}0}{2 \cdot 15 \cdot 11{,}3 \text{ cm}^2}}{20 \text{ cm}} \cdot \left[\sqrt{1 + \frac{49{,}0 \text{ cm}}{17{,}0 \text{ cm}}} - 1 \right] = 16{,}5 \text{ cm};$$

$$\hat{\sigma}_b = \frac{506\,300 \text{ cmkg}}{\dfrac{20 \text{ cm} \cdot 16{,}5 \text{ cm}}{2} \cdot (45{,}9 \text{ cm} - 5{,}5 \text{ cm}) + 15 \cdot 11{,}3 \text{ cm}^2 \cdot \dfrac{13{,}4 \text{ cm}}{16{,}5 \text{ cm}} \cdot 42{,}8 \text{ cm}}$$

$$= 40{,}2 \text{ kg/cm}^2;$$

$$\hat{\sigma}_e = \frac{40{,}2 \text{ kg/cm}^2 \cdot 15}{16{,}5 \text{ cm}} \cdot (45{,}9 \text{ cm} - 16{,}5 \text{ cm}) = 1073 \text{ kg/cm}^2;$$

$$\hat{\sigma}_e{}' = \frac{40{,}2 \text{ kg/cm}^2 \cdot 15}{16{,}5 \text{ cm}} \cdot (16{,}5 \text{ cm} - 3{,}1 \text{ cm}) = 489 \text{ kg/cm}^2.$$

Schubspannung:

$$\hat{\tau}_0 = \frac{\tfrac{1}{2} \cdot 2433 \text{ kg/m} \cdot 4{,}08 \text{ m}}{20 \text{ cm} \cdot (30{,}9 \text{ cm} - 5{,}5 \text{ cm})} = 9{,}8 \text{ kg/cm}^2;$$

Entfernung des Querschnittes vom Auflager, an welchem mit den Aufbiegungen zu beginnen ist:

$$c = \frac{(9{,}8 - 4{,}0) \text{ kg/cm}^2}{9{,}8 \text{ kg/cm}^2} \cdot \frac{4{,}08 \text{ m}}{2} = 1{,}21 \text{ m};$$

erforderlicher Querschnitt der Aufliegungen

$$F_e{}' = \frac{0{,}294}{1000} \cdot 121 \text{ cm} \cdot 20 \text{ cm} \cdot (9{,}8 + 4{,}0) \text{ kg/cm}^2 = 9{,}8 \text{ m}^2.$$

2 Rundeisen werden an beiden Enden hochgebogen und der unten an den äußeren Enden verloren gegangene Querschnitt durch Schlaufen $d = 10$ mm ersetzt; der Querschnitt der aufgebogenen Eisen beträgt $= \tfrac{1}{2} \cdot 11{,}3 \text{ cm}^2 = 5{,}7 \text{ cm}^2$; derselbe ist imstande, $\dfrac{5{,}7}{9{,}8} = 58\,^0/_0$ der Schubspannung aufzunehmen.

Sollen die Schubspannungen nur durch Bügel aufgenommen werden, so ist ein Gesamtquerschnitt erforderlich:

$$F_e = \frac{0{,}502}{1000} \cdot 121 \text{ cm} \cdot 20 \text{ cm} \cdot (9{,}8 + 4{,}0) \text{ kg/cm}^2 = 16{,}8 \text{ cm}^2;$$

bei einem Durchmesser der Bügel $d = 6\,\text{mm}$ sind auf jeder Seite erforderlich

$$i = \frac{0,42 \cdot 16,8\,\text{cm}^2}{2 \cdot 0,283\,\text{cm}^2} = 12 \text{ Stück.}$$

Nach § 17 Abs. 4 der minist. Bestimmung braucht hier die Haftspannung nicht nachgewiesen zu werden, weil die Enden der Eisen mit runden Haken versehen und die Eisen nicht stärker als 26 mm sind.

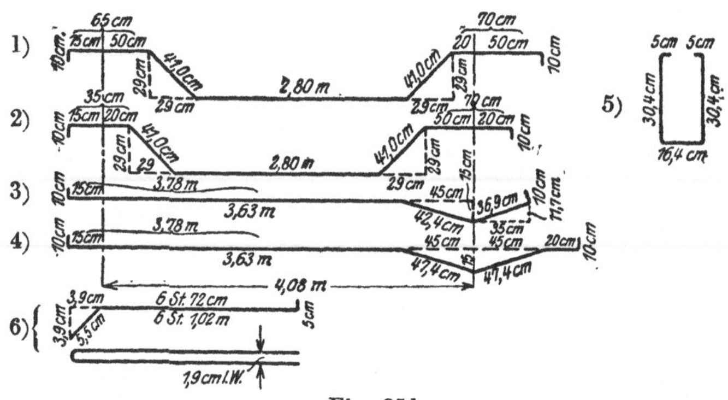

Fig. 35 b.

Rundeisenverzeichnis:

1) 6 Stück $d = 19\,\text{mm}$ 5,17 m lang;
2) 6 Stück $d = 19\,\text{mm}$ 4,87 m lang;
3) 6 Stück $d = 19\,\text{mm}$ 4,823 m lang;
4) 6 Stück $d = 19\,\text{mm}$ 5,128 m lang;
5) 60 Bügel $d = 6\,\text{mm}$ 87,2 cm lang;
6) $\left\{\begin{array}{l} \text{6 Schlaufen } d = 10\,\text{mm } 1{,}67\text{ m lang;} \\ \text{6 Schlaufen } d = 10\,\text{mm } 2{,}27\text{ m lang.} \end{array}\right.$

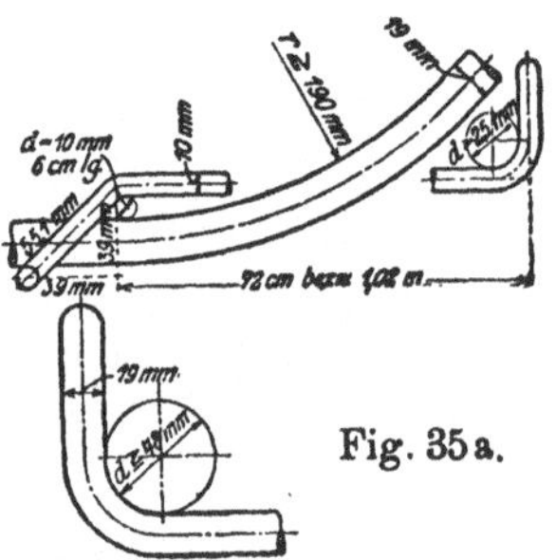

Fig. 35 a.

VI. Plattenbalken.

Die Nullinie fällt in den Steg.

In diesem Falle wird den minist. Best. entsprechend die kleine Druckfläche, welche in den Steg des Balkens fällt, vernachlässigt.

Nach S..3 ist:

$$\frac{\hat{\sigma}_b}{\hat{\sigma}_e} = \frac{x}{\nu \cdot (h - a - x)}, \text{ daher}$$

$$\sigma_e = \hat{\sigma}_b \cdot \frac{\nu \cdot (h - a - x)}{x}; \qquad \hat{D} = \hat{Z}; \quad \zeta = \frac{x - d}{x} \cdot \hat{\sigma}_b;$$

$$\hat{D} = \left(\frac{\hat{\sigma}_b \cdot x}{2} - \frac{x-d}{2} \cdot \zeta\right) \cdot b = \hat{\sigma}_b \cdot \left(\frac{x}{2} - \frac{x^2 - 2\,d_x + d^2}{2 \cdot x}\right) \cdot b =$$

$$= \hat{\sigma}_b \cdot d \cdot \frac{2\,x - d}{2\,x} \cdot b\,; \quad \text{daher:}$$

$$\hat{Z} = \hat{\sigma}_e \cdot F_e = \hat{\sigma}_b \cdot d \cdot \frac{2\,x - d}{2\,x} \cdot b \quad \text{und aus der obigen Gleichung für } \hat{\sigma}_e$$

den Wert eingeführt:

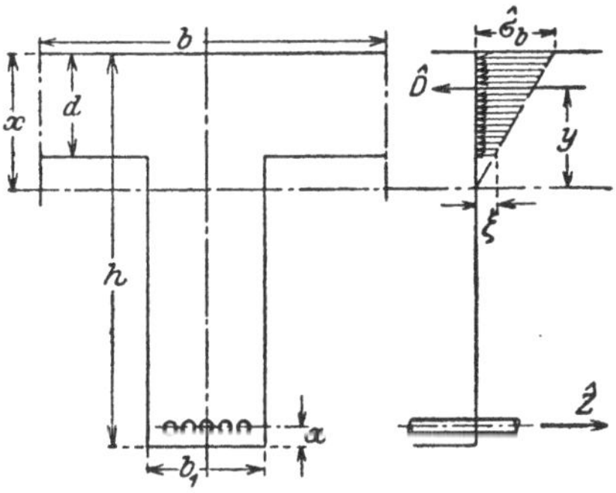

$$\hat{\sigma}_b \cdot \frac{\nu \cdot (h - a - x)}{x} \cdot F_e =$$

$$= \sigma_b \cdot d \cdot \frac{2\,x - d}{2\,x} \cdot b\,;$$

hieraus:

$$x = \frac{\dfrac{b\,d^2}{2} + \nu \cdot \left(h - a\right) F_e}{d \cdot b + \nu \cdot F_e} \qquad (16)$$

Fig. 36.

$$y = x - \frac{d}{3} \cdot \frac{\hat{\sigma}_b + 2\,\zeta}{\hat{\sigma}_b + \zeta} = x - \frac{d}{3} \cdot \frac{\hat{\sigma}_b + 2 \cdot \dfrac{x-d}{x} \cdot \hat{\sigma}_b}{\hat{\sigma}_b + \dfrac{x-d}{x} \cdot \hat{\sigma}_b} =$$

$$= x - \frac{d}{3} \cdot \frac{x + 2 \cdot (x - d)}{x + (x - d)} = x - \frac{d}{3} \cdot \frac{3\,x - 2\,d}{2\,x - d} =$$

$$= x - \frac{d}{2} + \frac{d^2}{6 \cdot (2\,x - d)} \quad \cdot \quad \cdot \quad \cdot \quad \cdot \quad \cdot \quad \cdot \quad (17);$$

mit dem Druckmittelpunkt als Drehpunkt läßt sich die Momenten-gleichung aufstellen:

$$\mathfrak{M} = \hat{\sigma}_e \cdot F_e \cdot (h - a - x + y)\,; \quad \text{hieraus:}$$

$$\hat{\sigma}_e = \frac{\mathfrak{M}}{F_e \cdot (h - a - x + y)} \quad \cdot \quad \cdot \quad \cdot \quad \cdot \quad (18);$$

ferner folgt aus der obigen Gleichung für $\hat{\sigma}_e$:

$$\hat{\sigma}_b = \frac{\hat{\sigma}_e \cdot x}{\nu \cdot (h - a - x)} \quad \cdot \quad \cdot \quad \cdot \quad \cdot \quad \cdot \quad (19).$$

Schub- und Adhäsionsspannungen.

Die Schubspannungen, welche senkrecht zur Platte gerichtet sind, sind nur sehr gering, weshalb dieselben außer acht gelassen werden können; die Schubspannungen parallel der Platte sind nach

§ 17 Abs. 3 der minist. Best. bei Plattenbalken stets nachzuweisen. Entsprechend der Gleichung (10) ergibt sich die Schubspannung zu:

$$\hat{\tau}_0 = \frac{\hat{V}}{b_1 \cdot (h - a - x + y)} \quad \cdot \quad \cdot \quad \cdot \quad \cdot \quad \cdot \quad (20);$$

die Haftspannung findet sich aus Gleichung (15) zu:

$$\hat{\tau}_1 = \frac{b_1 \cdot \hat{\tau}_0}{U}.$$

Die Entfernung c vom Auflager, von welcher ab mit den Stabaufbiegungen zu beginnen ist bzw. Bügel anzubringen sind, findet sich aus (11), der erforderliche Gesamtquerschnitt der Aufbiegungen aus (12), der Bügeleisen aus (13) und (14).

Beispiel 9, Hauptunterzug zur Decke im Beispiel 7: Höhe möglichst klein.

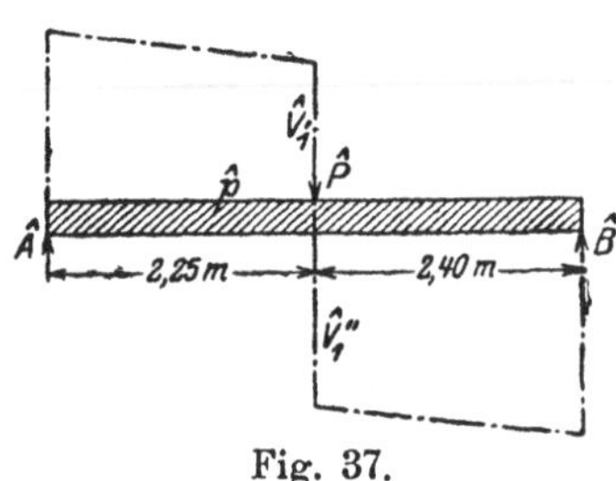

Fig. 37.

$$l = \tfrac{1}{2} \cdot 8{,}90\,\text{m} + 0{,}20\,\text{m} = 4{,}65\,\text{m};$$

$$\hat{p} = 0{,}32\,\text{m} \cdot 0{,}445\,\text{m} \cdot 2400\,\text{kg/m}^3 =$$
$$= 342\,\text{kg/m};$$

$$\hat{P} = 4{,}08\,\text{m} \cdot 2433\,\text{kg/m} = 9927\,\text{kg};$$

$$\hat{A} = \tfrac{1}{2} \cdot 342\,\text{kg/m} \cdot 4{,}65\,\text{m} + \frac{2{,}40\,\text{m}}{4{,}65\,\text{m}} \cdot$$
$$9927\,\text{kg} = 5918\,\text{kg};$$

$$\hat{B} = 795 + 4804 = 5599\,\text{kg};$$

Vertikalkraft in dem Querschnitt $x' = 2{,}25\,\text{m}$ vor $\hat{P}$:

$$\hat{V_1}' = 5918\,\text{kg} - 2{,}25\,\text{m} \cdot 342\,\text{kg/m} = 5148\,\text{kg};$$

desgl. nach $\hat{P}$: $\quad \hat{V_1}'' = 5148\,\text{kg} - 9927\,\text{kg} = -4770\,\text{kg};$

der gefährliche Querschnitt befindet sich daher bei $x' = 2{,}25\,\text{m}$; mit Rücksicht auf die Kontinuität des Balkens und auf die Einzellasten, mit welchen derselbe belastet ist, darf das Maximalbelastungsmoment für den gefährlichen Querschnitt zu $^8/_{10}$ vom Moment genommen werden, welches sich bei einem auf beiden Seiten frei aufliegenden Balken ergibt; $h - a = 51\,\text{cm}$; $h = 54\,\text{cm}$; $a = 3\,\text{cm}$; $a' = 5\,\text{cm}$; $F_e = 19{,}8\,\text{cm}^2$ ($7 \times d = 19\,\text{cm}$); daher:

$$\hat{\mathfrak{M}} = 0{,}80 \cdot \left(5918\,\text{kg} \cdot 2{,}25\,\text{m} - 342\,\text{kg/m} \cdot \frac{(2{,}25\,\text{m})^2}{2} \right) = 9961\,\text{mkg};$$

als Breite der Druckplatte kommt in Betracht:

$$b = 8 \cdot d = 8 \cdot 9{,}5\,\text{cm} = \mathbf{76}\,\text{cm};$$
$$= 2 \cdot h = 2 \cdot 54\,\text{cm} = 108\,\text{cm};$$
$$= 4 \cdot b_1 = 4 \cdot 32\,\text{cm} = 128\,\text{cm};$$
$$= \tfrac{1}{2} \cdot a = \tfrac{1}{2} \cdot 4{,}08\,\text{cm} = 204\,\text{cm}.$$

$$x = \frac{\dfrac{76\ \text{cm} \cdot (9{,}5\ \text{cm})^2}{2} - 15 \cdot 51\ \text{cm} \cdot 19{,}8\ \text{cm}^2}{76\ \text{cm} \cdot 9{,}5\ \text{cm} + 15 \cdot 19{,}8\ \text{cm}^2} = 18{,}2\ \text{cm};$$

$$y = 18{,}2\ \text{cm} - 4{,}75\ \text{cm} + \frac{(9{,}5\ \text{cm})^2}{6 \cdot (2 \cdot 18{,}2\ \text{cm} - 9{,}5\ \text{cm})} = 14{,}01\ \text{cm};$$

$$\hat{\sigma}_e = \frac{996\,100\ \text{cmkg}}{19{,}8\ \text{cm}^2\,(51\ \text{cm} - 18{,}2\ \text{cm} + 14{,}01\ \text{cm})} = 1076\ \text{kg/cm}^2;$$

$$\hat{\sigma}_b = \frac{1076\ \text{kg/cm}^2 \cdot 18{,}2\ \text{cm}}{15 \cdot (51\ \text{cm} - 18{,}2\ \text{cm})} = 39{,}8\ \text{kg/cm}^2;$$

die erforderliche Breite des Unterzuges ist:

$$b_1 \geqq 7 \cdot 1{,}9\ \text{cm} + 6 \cdot 2{,}0\ \text{cm} + 2 \cdot 2{,}1\ \text{cm} = 32\ \text{cm},$$

bei einem Bügeldurchmesser von 6 mm.

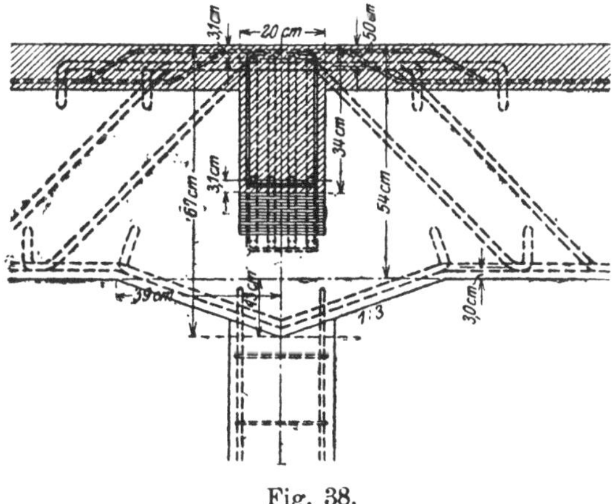

Fig. 38.

Die Höhe des Querschnittes über der Stütze ist so groß zu
wählen, daß derselbe imstande ist, das negative Biegungsmoment
aufzunehmen:

$$\mathfrak{M} = \frac{9961\ \text{mkg}}{0{,}80} = 12\,451\ \text{mkg};$$

$$h = 67\ \text{cm}; \quad a = 5{,}0\ \text{cm}; \quad a' = 3{,}0\ \text{cm}; \quad F_e = F_e' = 19{,}8\ \text{cm}^2;$$

$$(7 \times d = 19\ \text{mm});$$

von dem Unterzug werden in dem einen Teil an beiden Enden je 3
und in dem anderen Teil je 4 Rundeisen hochgebogen und der unten
an den äußeren Enden verloren gegangene Querschnitt durch Schlaufen
$d = 10$ mm ersetzt; über dem Pfeiler in der Mitte ist der gesamte
Eisenquerschnitt der beiden anstoßenden Unterzüge vorhanden.

$$x = \frac{2\cdot 15\cdot 19{,}8\,\text{cm}^2}{32\,\text{cm}}\cdot\left[\sqrt{1+\frac{\overset{18,6}{67\,\text{cm}}}{18{,}6\,\text{cm}}}-1\right] = 21{,}2\,\text{cm};$$

$$\hat{\sigma}_b = \frac{1\,245\,100\,\text{cmkg}}{\dfrac{32\,\text{cm}\cdot 21{,}2\,\text{cm}}{2}\cdot(62\,\text{cm}-7{,}07\,\text{cm})+15\cdot 19{,}8\,\text{cm}^2\cdot\dfrac{16{,}2\,\text{cm}}{21{,}2\,\text{cm}}\,59\,\text{cm}}$$

$$= 38{,}9\,\text{kg/cm}^2;$$

$$\hat{\sigma}_e = \frac{38{,}9\,\text{kg/cm}^2\cdot 15}{21{,}2\,\text{cm}}\cdot(62\,\text{cm}-21{,}2\,\text{cm})=1122\,\text{kg/cm}^2;$$

$$\hat{\sigma}_e' = \frac{38{,}9\,\text{kg/cm}^2\cdot 15}{21{,}2\,\text{cm}}\cdot(21{,}2\,\text{cm}-3{,}0\,\text{cm})=501\,\text{kg/cm}^2.$$

$$\hat{\tau}_0 = \frac{5599\,\text{kg}}{32\,\text{cm}\cdot(51\,\text{cm}-4{,}19\,\text{cm})}=3{,}7\,\text{kg/cm}^2;$$

$$x-y = 18{,}2\,\text{cm}-14{,}01\,\text{cm}=4{,}19\,\text{cm};$$

die Schubspannung bleibt unter der zulässigen Grenze; die Haftspannung braucht nicht nachgewiesen zu werden (§ 17 Abs. 4 der
minist. Best.); für jeden Teil des Unterzuges werden 12 Bügel angeordnet (§ 9 Abs. 4 der minist. Best.).

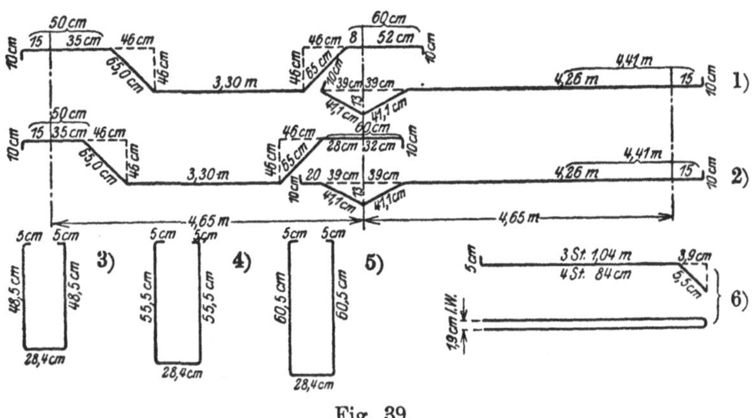

Fig. 39.

Rundeisenverzeichnis:

1) { 3 Stück d = 19 cm 5,90 m lang;
   { 3 Stück d = 19 cm 5,432 m lang;

2) { 4 Stück d = 19 cm 5,70 m lang;
   { 4 Stück d = 19 cm 5,632 m lang;

   48 Stück Verteilungseisen d = 7 cm 0,76 m lang;

3) 20 Bügel d = 6 cm 1,354 m lang;

4) 2 Bügel d = 6 cm 1,494 m lang;
5) 2 Bügel d = 6 cm 1,594 m lang;
6) 3 Schlaufen d = 10 cm 2,31 m lang, 4 desgl. d = 10 cm 1,91 m lang.

Diese Rundeisen werden abwechselnd geschwenkt, so daß über den beiden Auflagern 3 Eisen unten und 4 Eisen oben liegen und umgekehrt.

Quer zum Unterzug mit 1 cm Deckung auf der Platte von Mitte Unterzug ab nach beiden Seiten in 12,5 cm Abstand (§ 16 Abs. 9 der minist. Best.).

Unterzüge zur Abtragung der Decke an den seitlichen Stützwänden:

$$l = 1,75\,\text{m} + 0,215\,\text{m} = 1,965\,\text{m};$$

$$\hat{p} = \tfrac{1}{2} \cdot (2,25\,\text{m} + 0,30\,\text{m}) \cdot 1042\,\text{kg/m}^2 + 0,10\,\text{m} \cdot 0,095\,\text{m} \cdot 2400\,\text{kg/m}^3$$
$$= 1352\,\text{kg/m};$$

$$b = 3 \cdot b_1 = 3 \cdot 10\,\text{cm} = \mathbf{30}\,\text{cm};\ \S\ 16\ \text{Abs. 9 der minist. Best.}$$

$$6 \times d = 6 \cdot 10,5\,\text{cm} = \mathbf{63}\,\text{cm};$$

$$1\,{}^1/_2 \times 20\,\text{cm} = 1\,{}^1/_2 \cdot 20\,\text{cm} = \mathbf{30}\,\text{cm};$$

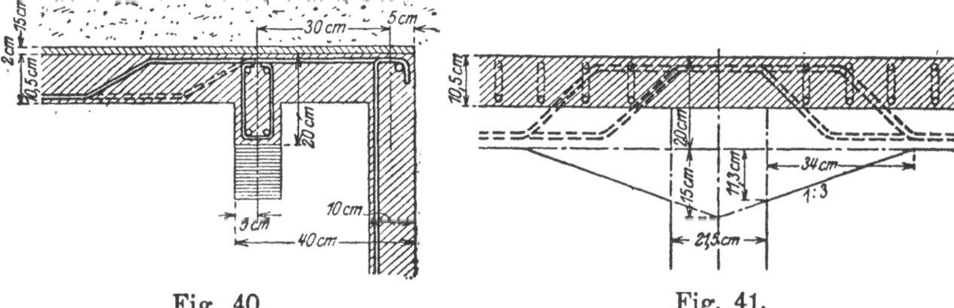

Fig. 40.   Fig. 41.

$$\mathfrak{M} = \tfrac{1}{11} \cdot 1352\,\text{kg/m} \cdot (1,965\,\text{m})^2 = 475\,\text{mkg};$$

$$h - a = 0,411 \cdot \sqrt{\frac{47\,500\,\text{cmkg}}{30\,\text{cm}}} = 16,4\,\text{cm};\ h = 20\,\text{cm};$$

$$F_e = 0,00228 \cdot \sqrt{47\,500\,\text{cmkg} \cdot 30\,\text{cm}} = 2,71\,\text{cm}^2;$$

$$2 \times d = 14\,\text{mm mit } 3,08\,\text{cm}^2;\ x = 0,333 \cdot 16,4\,\text{cm} = 5,5\,\text{cm};$$

$$\hat{\tau}_0 = \frac{\tfrac{1}{2} \cdot 1352\,\text{kg/m} \cdot 1,965\,\text{m}}{20\,\text{cm} \cdot (16,4\,\text{cm} - 1,8\,\text{cm})} = 4,6\,\text{kg/cm}^2;$$

$$c = \frac{4,6\,\text{kg/cm}^2 - 4,0\,\text{kg/cm}^2}{4,6\,\text{kg/cm}^2} \cdot \frac{1,965\,\text{m}}{2} = 0,13\,\text{m};$$

$$F_c' = \frac{0,294}{1000} \cdot 13\,\text{cm} \cdot 10\,\text{cm} \cdot (4,6 + 4,0\,\text{kg/cm}^2) = 0,33\,\text{cm}^2.$$

Das eine Rundeisen wird an beiden Enden hochgebogen und der unten an dem äußeren Ende verloren gegangene Querschnitt durch eine Schlaufe d = 7 mm ersetzt; das 2. Rundeisen wird nur über der mittleren Stütze hochgebogen; der Querschnitt über der mittleren Stütze hat das negative Biegungsmoment daselbst aufzunehmen; außerdem werden noch je 5 Bügel angeordnet; dasselbe ist:

$$\mathfrak{M} = \tfrac{1}{8} \cdot 1352 \,\text{kg/m} \cdot (1{,}965 \,\text{m})^2 = 594 \,\text{mkg};$$

$$h - a = 0{,}411 \cdot \sqrt{\frac{59\,400 \,\text{cmkg}}{10 \,\text{cm}}} = 31{,}7 \,\text{cm}; \quad h = 35 \,\text{cm};$$

$$F_e = 0{,}00228 \cdot \sqrt{59\,400 \,\text{cmkg} \cdot 10 \,\text{cm}} = 1{,}76 \,\text{cm}^2;$$

vorhanden ist 3,08 cm².

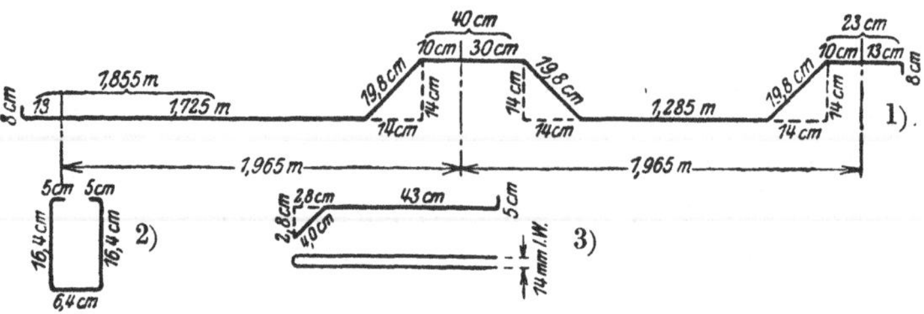

Fig. 42.

Eisenverzeichnis:

1) 8 Stück d = 14 mm 4,524 m lang;
2) 40 Bügel d = 6 mm 49,2 cm lang;
3) 8 Schlaufen d = 7 cm 1,054 m lang.

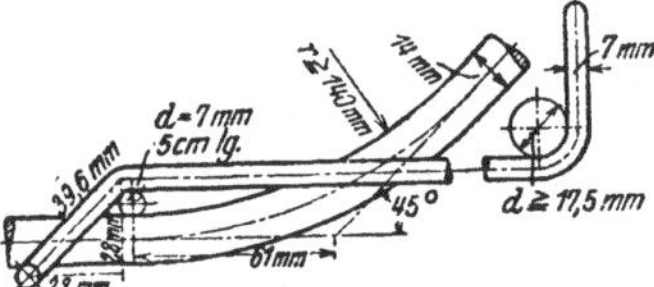

Fig. 42 a.

VII. Stützen.

a) Zentrische Belastung; Untersuchung auf Druck.

Die Druckwirkung einer Kraft $\hat{P}$ erstreckt sich sowohl auf den Betonquerschnitt als auch auf die Querschnitte der Eiseneinlagen.

$$\hat{\sigma}_b = \frac{\hat{P}}{F_b + \nu \cdot F_e} \quad \cdots \cdots \quad (21);$$

hierin ist:

  F_b = Querschnitt der gedrückten Betonfläche und
  F_e = gesamter Eisenquerschnitt.

$$\sigma_e = \nu \cdot \hat{\sigma}_b.$$

Bei zentrischer Belastung kann $\hat{\sigma}_e$ niemals den zulässigen Höchstwert erreichen.

Beispiel 10: Die Stütze im Beispiel 7 ist zu berechnen: Nach § 18 Abs. 3 der minist. Best. gilt als zulässige Druckspannung des Betons bei Hochbauten allgemein $\hat{\sigma}_b = 35\,\text{kg/cm}^2$; für Säulen in den unteren Stockwerken ist die gleiche Beanspruchung zulässig; da andererseits empfohlen wird, die Seitenlänge des Querschnittes bei Mittelstützen zu mindestens 25 cm anzunehmen, so wird ein Betonquerschnitt gewählt von 25 cm/25 cm. Nach § 17 Abs. 6

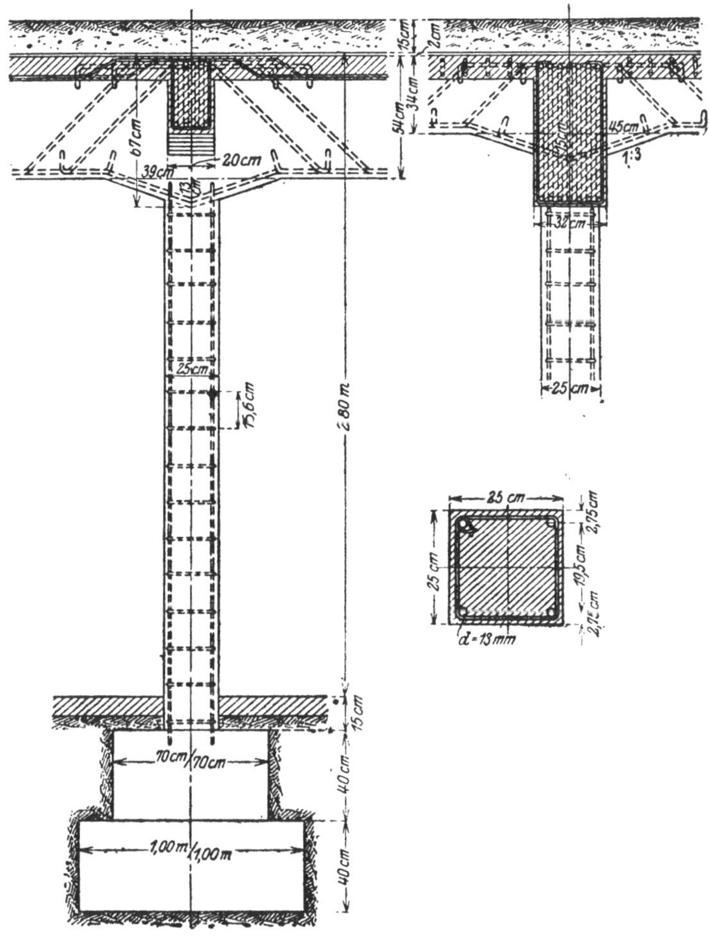

Fig. 43.

der minist. Best. darf die Formel (21) zur Berechnung der Betonspannung nur dann angewendet werden, wenn die Längseisen zusammen mindestens 0,8 v. H. und nicht mehr als 3 v. H. des Betonquerschnittes ausmachen und durch Bügel verbunden sind; erforderlich ist demnach ein Eisenquerschnitt $F_e = \dfrac{0,8}{100} \cdot 25\,\text{cm} \cdot 25\,\text{cm} = 5,0\,\text{cm}^2$;

gewählt werden $4 \times d = 13$ mm mit $F_e = 5,31$ cm²; das Mischungsverhältnis des Betons ist dabei mindestens zu nehmen $= 1:4$. Der Abstand der Rundeisen bei einer Bügelstärke $d = 6$ cm beträgt:

$$a = 25 \text{ cm} - 2 \cdot 1,5 \text{ cm} - 2 \cdot 0,6 \text{ cm} - 1,3 \text{ cm} = 19,5 \text{ cm};$$

der Bügelabstand darf nach § 17 Abs. 6 der minist. Best. nicht größer sein als die kleinste Abmessung des Stützenquerschnittes (25 cm) oder das Zwölffache der Stärke der Längsstäbe (d. i. $= 12 \cdot 13$ mm $= 156$ mm); nach Gleichung (21) ist

$$\hat{\sigma}_b = \frac{2 \cdot 5918 \text{ kg} + 9927 \text{ kg} + 0,25 \text{ cm} \cdot 0,25 \text{ cm} \cdot 2,30 \text{ cm} \cdot 2400 \text{ kg/cm}^3}{25 \text{ cm} \cdot 25 \text{ cm} + 15 \cdot 5,31 \text{ cm}^2}$$

$$= \frac{22\,108 \text{ kg}}{705 \text{ cm}^2} = 31,4 \text{ kg/cm}^2;$$

die Beanspruchung des Eisens wird in diesem Falle:

$$\hat{\sigma}_e = 15 \cdot 31,4 \text{ kg/cm}^2 = 47,1 \text{ kg/cm}^2;$$

eine Untersuchung auf Knicken ist bei dieser zentrisch belasteten Stütze nach § 17 Abs. 9 der minist. Best. nicht erforderlich, weil

$$h < 15 \cdot b = 15 \cdot 25 \text{ cm} = 3,75 \text{ cm ist.}$$

Damit die Eiseneinlagen an sich knicksicher sind, ergibt sich der Maximalabstand der Bügel aus der Eulerschen Knickformel:

$$\hat{P} = F_e \cdot \hat{\sigma}_e = \frac{\pi^2 \cdot \hat{\varepsilon} \cdot (\Theta)}{5 \cdot l'^2}$$

$$s = \text{Sicherheitsgrad} = 5; \quad \pi^2 = 10; \quad F_e = 4 \cdot \frac{d^2 \pi}{4};$$

$$O = 4 \cdot \frac{\pi \cdot d^4}{64}; \quad \hat{\sigma}_e = 15 \cdot \hat{\sigma}_b; \quad \hat{\varepsilon} = 2\,100\,000 \text{ kg/cm}^2$$

$$l'_{max} = \sqrt{\frac{10 \cdot 2\,100\,000 \text{ kg/cm}^2 \cdot d^2}{16 \cdot 5 \cdot 15 \cdot \hat{\sigma}_b}} = 132,3 \cdot \frac{d}{\sqrt{\hat{\sigma}_b}}$$

$$= 132,3 \cdot \frac{1,3 \text{ cm}}{\sqrt{31,4 \text{ kg/cm}^2}} = 32 \text{ cm};$$

der nach den minist. Best. gewählte Abstand von 15,6 cm ist demnach genügend; es werden $\dfrac{2,30 \text{ cm}}{0,156 \text{ cm}} = 15$ Bügel angeordnet.

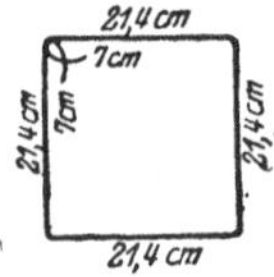

Fig. 44.

Eisenverzeichnis:

4 Rundeisen $d = 13$ mm 2,70 m lang (ohne Haken);
15 Bügel $d = 6$ mm 1,0 m lang.

Spezifischer Flächendruck der Fundamentgrundfläche auf das Erdreich:

$$\hat{\gamma} = \frac{22\,108 \text{ kg} + 0,40 \text{ m} (0,70 \text{ m} \cdot 0,70 \text{ m} + 1,00 \text{ m} \cdot 1,00 \text{ m}) \cdot 2400 \text{ kg/cm}^2}{100 \text{ cm} \cdot 100 \text{ cm}}$$

$$= 2,34 \text{ kg/cm}^2.$$

b) Zentrische Belastung; Untersuchung auf Knicken.

Nach § 17 Abs. 9 der minist. Best. ist eine Stütze auch auf Knicken zu berechnen, wenn die Höhe derselben mehr als das 15-fache der kleinsten Querschnittsabmessung beträgt. Hierbei ist die Eulersche Formel anzuwenden unter Voraussetzung einer 10 fachen Sicherheit. Die Eulersche Gleichung ist:

$$\hat{P} = \frac{\pi^2 \cdot \hat{\varepsilon}_b \cdot \Theta}{s \cdot l^2} \quad\quad\quad (22);$$

setzt man in dieser Gleichung $\pi^2 = 10$, den Sicherheitsgrad $s = 10$, die Belastung $\hat{P}_t = 1000\,P_t$ (in Tonnen) und die Knicklänge $l = 100\,l/m$ (in Meter), so ist:

$$\hat{P}_t = \frac{\hat{\varepsilon}_b \cdot \Theta}{l_m^2 \cdot 10^7};$$

ferner das Elastizitätsmaß des Betons $\hat{\varepsilon}_b = 140\,000\ \text{kg/cm}^2 = \frac{1}{70} \cdot 10^7\,\text{kg/cm}^2$, so ist:

$$\Theta = 70 \cdot \hat{P}_t \cdot l_m^2 \cdot \text{cm}^4 \quad\quad\quad (23);$$

führt man in Gleichung (22) $\hat{P} = \hat{\sigma}_k \cdot F$ und $\dfrac{\Theta}{F} = i^2$ ein, so erhält man die 2. Form der Eulergleichung:

$$\hat{\sigma}_k = \frac{\hat{\varepsilon}_b}{\left(\dfrac{l}{i}\right)^2} = \frac{140\,000\ \text{kg/cm}^2}{\left(\dfrac{l}{i}\right)^2} \quad\quad\quad (24);$$

trägt man in einem rechtwinkligen Koordinatensystem als Abszissen $x = \dfrac{l}{i}$ und hierfür als Ordinaten die zugehörigen Werte von $\hat{\sigma}_k$ auf, so erhält man die Eulersche kubische Hyperbel.

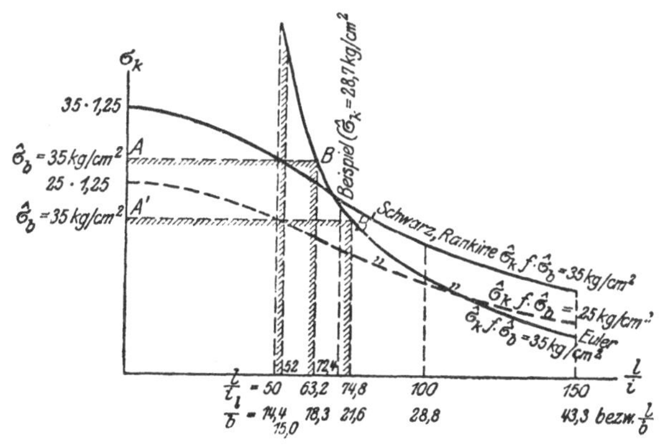

Fig. 45.

Da für Stützen nach § 18 Abs. 3 eine größere Beanspruchung als $\hat{\sigma}_b = 35\,\text{kg/cm}^2$ (bzw. $30\,\text{kg/cm}^2$) bzw. $25\,\text{kg/cm}^2$ nicht zulässig ist, kommt für dieselben nach nebenstehender Abbildung nur der Teil der Euler-Linie unterhalb der Wagerechten AB bzw. $A'B'$ in Betracht.

Die Schlankheit der Säulen läßt sich sowohl durch $\dfrac{l}{i}$ wie auch durch $\dfrac{l}{b}$ ausdrücken. Wenn man bei rechteckigen Säulen mit dem Querschnitte $a \cdot b$ ($b = $ kleinere Seite) den Eisenquerschnitt vernachlässigt, ist $O = \dfrac{a \cdot b^3}{12}$, also

$$i^2 = \frac{\Theta}{F} = \frac{b^2}{12} \quad \text{und} \quad \frac{l}{i} = \frac{l}{b} \cdot \sqrt{12} = 3{,}464 \cdot \frac{l}{b};$$

demnach können in der nebenstehenden Figur als Abszissen anstatt $\dfrac{l}{i}$ ebensogut die entsprechenden (angenäherten) Werte $\dfrac{l}{b}$ angeschrieben werden.

Dem Grenzwert $\dfrac{l}{b} = 15$ entspricht $\dfrac{l}{i} = 52$.

Die Schwarz-Rankinesche Formel ergibt nach den Versuchen von Prof. Bauschinger die besten Resultate, sie läßt sich auch für Eisenbetonsäulen am einwandfreiesten begründen und bietet noch den Vorteil, daß durch die verschieden zulässigen Werte für $\hat{\sigma}_b$ (nach § 18 Abs. 3 der minist. Best.) $= 35{,}30$ und $25\,\text{cm}^2$ die zulässige Säulenlast entsprechend abgestuft werden kann, was bei der Eulerschen Formel nicht möglich ist. Nach der Schwarz-Rankineschen Formel ist:

$$\hat{\sigma}_k = \frac{\hat{\sigma}_b}{1 + 0{,}0001 \cdot \left(\dfrac{l}{i}\right)^2}.$$

Auf Grund der Bachschen Versuche an Eisenbetonsäulen hat E. Mörsch für dieselben den Beiwert 1,25 im Zähler, so daß dann die Formel lautet:

$$\hat{\sigma}_k = \frac{1{,}25 \cdot \hat{\sigma}_b}{1 + 0{,}0001 \cdot \left(\dfrac{l}{i}\right)^2} \quad \ldots \ldots \ldots \ (25)$$

Aus der obigen Figur ist noch ersichtlich, bis zu welchem Schlankheitsverhältnis $\dfrac{l}{b}$ eine Berechnung auf Knicken nicht erforderlich ist; dies ist nach der Eulerformel für $\hat{\sigma}_b = 35$ bzw. $25\,\text{kg/cm}^2$ erst bei $\dfrac{l}{b} = 18{,}3$ bzw. 21,6 erforderlich, während dies nach der

Schwarz-Rankineschen Formel für beide Beanspruchungen schon bei $\dfrac{l}{b} = 14{,}4$ notwendig ist; aus diesem Grunde ist auch in den minist. Best. als Grenze der Berechnung der Säulen auf reinen Druck mit $\dfrac{l}{b} = 15$ angenommen worden (s. Gehler, Erläuterungen zu den minist. Best. 1916).

Beispiel 11: Die Stütze im Beispiel 7 ist mit achteckigem Querschnitt und mit einer Höhe $l = 5{,}50$ m auszuführen; sie soll ferner auf eine Backsteinwand, $1\,^1/_2$ Steine stark, zu stehen kommen.

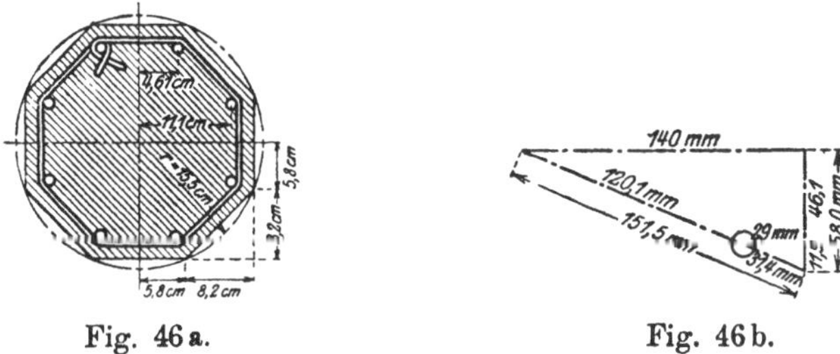

Fig. 46 a.   Fig. 46 b.

Der Querschnitt wird so gewählt, daß der umschriebene Kreis einen Radius $r_1 = 15{,}15$ cm besitzt; der eingeschriebene Kreis hat einen Radius $r_2 = 14{,}0$ cm; die kleinste Querschnittsdimension ist $2 \cdot 14{,}0$ cm $= 28{,}0$ cm; da $h > 15 \cdot b = 15 \cdot 0{,}28$ cm $= 4{,}20$ m ist, so ist die Säule nach § 17 Abs. 9 der minist. Best. auch auf Knicken zu berechnen.

$F_b = 28$ cm $\cdot$ 28 cm $- 2 \cdot 8{,}20$ cm $\cdot$ 8,20 cm $= 649$ cm²; soll der Querschnitt möglichst klein sein, so ist:

$F_e \leqq \dfrac{3}{100} \cdot 649$ cm² $= 19{,}5$ cm² zu nehmen; gewählt wird $F_e = 18{,}2$ cm² $(8 \times d = 17$ mm$)$;

$$\Theta_b = 0{,}6381 \cdot r_1{}^4 = 0{,}6381 \cdot (15{,}15 \text{ cm})^4 = 33\,609 \text{ cm}^4;$$

$$\Theta_e = 2{,}27 \text{ cm}^2 \cdot 4 \cdot \left[(11{,}1 \text{ cm})^2 + (4{,}61 \text{ cm})^2\right] = 1312 \text{ cm}^4;$$

$$i^2 = \frac{33\,609 \text{ cm}^4 + 15 \cdot 1312 \text{ cm}^4}{649 \text{ cm}^2 + 15 \cdot 18{,}2 \text{ cm}^2} = 57{,}8 \text{ cm}^2; \quad i = 7{,}60 \text{ cm};$$

$$\frac{l}{i} = \frac{550 \text{ cm}}{7{,}60 \text{ cm}} = 72{,}4; \quad \text{daher nach Formel (24):}$$

$$\hat{\sigma}_k = \frac{140\,000 \text{ kg/cm}^2}{(72{,}4)^2} = 26{,}7 \text{ kg/cm}^2;$$

die vorhandene Betonspannung ist:

$$\hat{\sigma}_b = \frac{2 \cdot 5918 \text{ kg} + 9927 \text{ kg} + 0{,}0649 \text{ m}^2 \cdot 5{,}50 \text{ m} \cdot 2400 \text{ kg/m}^3}{649 \text{ cm}^2 + 15 \cdot 18{,}2 \text{ cm}^2} =$$

$$= \frac{22\,620 \text{ kg}}{927 \text{ cm}^2} = 24{,}5 \text{ kg/cm}^2.$$

Nach der Schwarz-Rankineschen Formel (25) darf die Knick-
spannung für Säulen in den unteren Stockwerken nach § 18 Abs. 3
der minist. Best.

$$\hat{\sigma}_k = \frac{1,25 \cdot 35 \text{ kg/cm}^2}{1 + 0,0001 \cdot 72,4^2} = 28,7 \text{ kg/cm}^2$$

betragen; der Querschnitt könnte, da $\hat{\sigma}_b$ nur 24,5 kg/cm² beträgt,
hiernach noch etwas geringer angenommen werden.

Damit die Eiseneinlagen an sich knicksicher sind, ist der Bügelabstand zu nehmen:

$$l'_{max} = 132,3 \cdot \frac{d}{\sqrt{\hat{\sigma}_b}} = 132,5 \cdot \frac{1,7 \text{ cm}}{\sqrt{24,5 \text{ kg/cm}^2}} = 45,5 \text{ cm};$$

außerdem muß das l'_{max} der Bedingung entsprechen

$$\leqq 12 \cdot d = 12 \cdot 17 = 20,4 \text{ cm};$$

und

$$\leqq b = 28 \text{ cm};$$

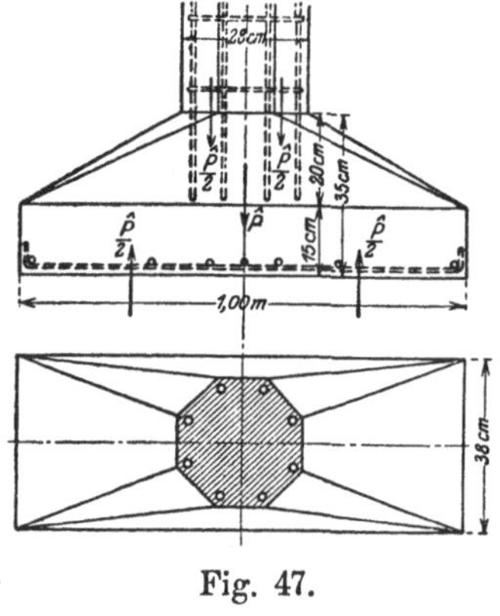

Fig. 47.

das kleinste Maß ist zu wählen, daher
Bügelabstand = 20,4 cm; es werden
$\dfrac{5,50 \text{ cm}}{20,4 \text{ cm}}$ = rd. 28 Bügel angeordnet.

Säulenfuß. Das Backsteinmauerwerk in Kalkmörtel, auf welchem die
Säule steht, darf nur bis zu 7 kg/cm²
belastet werden; danach ist die Länge
des 38 cm breiten Säulenfußes zu be-
messen; bei einer Länge des Säulenfußes von 1,00 m wird der spezifische
Flächendruck desselben auf das Mauerwerk;

$$\hat{\gamma} = \frac{22\,620 \text{ kg} + [0,38 \text{ m} \cdot 1,00 \text{ m} \cdot 0,15 \text{ m}}{100 \text{ cm} \cdot 38 \text{ cm}} +$$

$$+ \frac{+ \frac{1}{2} \cdot (0,38 \text{ m}^2 + 0,0649) \cdot 0,20 \text{ m}] \cdot 2400 \text{ kg/m}^3}{100 \text{ cm} \cdot 38 \text{ cm}} = 6,02 \text{ kg/cm}^2;$$

das von der Fußplatte aufzunehmende Belastungsmoment ist annähernd:

$$\mathfrak{\hat{M}} = \tfrac{1}{2} \cdot 22\,864 \text{ kg} \cdot \tfrac{1}{4} \cdot (1,00 \text{ m} - 0,280 \text{ m}) = 2058 \text{ mkg};$$

$$h - a = 0,411 \cdot \sqrt{\frac{205\,800 \text{ cmkg}}{38 \text{ cm}}} = 30,3 \text{ cm}; \quad h = 35 \text{ cm};$$

$$F_e = 0,00228 \cdot \sqrt{205\,800 \text{ cmkg} \cdot 38 \text{ cm}} = 6,38 \text{ cm}^2;$$

$$9 \times d = 10 \text{ mm mit } 7,05 \text{ cm}^2.$$

Eisenverzeichnis:

8 Vertikaleisen d = 17 mm (5,50 m +
   2 · 0,20 m) = 5,90 m lang (ohne Haken);
1) 28 Bügel d = 6 mm 95 cm lang;
2) 9 Stück d = 10 mm 1,06 m lang für die
   Fußplatte;
   7 Stück d = 8 mm 37 cm lang (ohne Haken),
   Verteilungseisen hierzu.

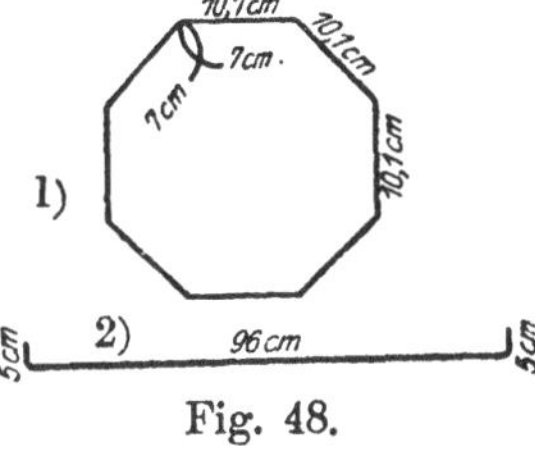

Fig. 48.

c) Umschnürte Säulen.

Für umschnürte Säulen und andere umschnürte Druckglieder
mit kreisförmigem Kernquerschnitt soll nach § 17 Abs. 7 der
minist. Best. die zulässige zentrische Last aus der Formel

$$\hat{P} = \hat{\sigma}_b \cdot (F_k + 15 \cdot F_e + 45 \cdot F_s) \quad \ldots \ldots \quad (26)$$

berechnet werden; hierin bedeutet

F_k den Querschnitt des umschnürten Kernes, begrenzt·durch die Mitte
   der Querbewehrungseisen,

F_e den Querschnitt der Längseisen und

F_s den Querschnitt des senkrechten Eisenstabes, welcher dasselbe
   Volumen besitzt, wie die Gesamtmenge der Umschnürungseisen
   pro laufenden Meter Säulenlänge.

Da bei stark umschnürten Säulen, schon lange bevor die Bruch-
last erreicht wird, die äußere Schale des Betons abspringt, die Säule
aber noch tragfähig bleibt, ist hier an Stelle des Betonquerschnittes
F_b der von den Umschnürungseisen umschlossene
Kernquerschnitt F_k eingeführt worden, der
jedoch nicht mit dem Kern der Festigkeitslehre
zu verwechseln ist. Die Umschnürung eignet
sich nur für solche Säulen, bei welchen die Höhe
nicht mehr als das 15-fache der kleinsten Querschnittsabmessung beträgt, weil für die Berechnung auf Knicken nur der Querschnitt der Längseisen berücksichtigt werden kann.

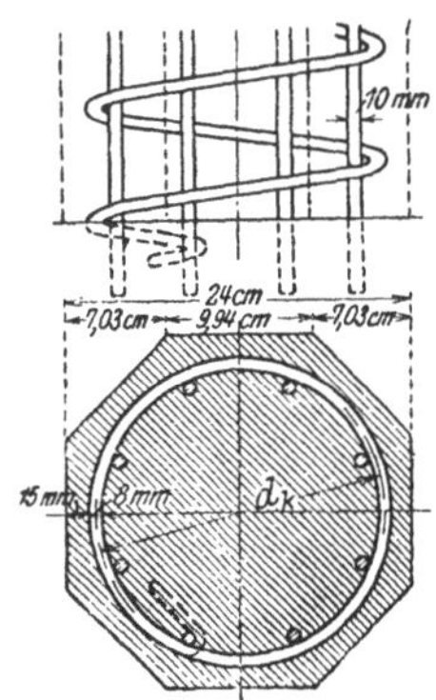

Fig. 49.

  Beispiel 12: Die Stütze im Beispiel 7
ist mit achteckigem Querschnitt, jedoch nur mit
2,30 m Höhe als umschnürte Säule auszuführen.
Der Durchmesser des dem Achteck eingeschrie-
benen Kreises sei d = 24 cm.

Nach den minist. Best. sind für die Querschnittsbemessung die
folgenden 5 Bedingungen zu prüfen; Ganghöhe der Umschnürung:

$$1. \; s < 8 \text{ cm}; \quad 2. \; s < \frac{d}{5} = \frac{24 \text{ cm}}{5} = 4,8 \text{ cm};$$

gewählt wird $s = 4,5$ cm.

3. $F_e \geqq \dfrac{0,8}{100} \cdot F_b = \dfrac{0,8}{100} \cdot (24\ \text{cm} \cdot 24\ \text{cm} - 2 \cdot 7,03\ \text{cm} \cdot 7,03\ \text{cm}) = 3,82\ \text{cm}^2$;

$$F_e \leqq \frac{3}{100} \cdot 477 = 14,3\ \text{cm}^2;$$

gewählt $8 \times d = 10$ mm mit $6,28\ \text{cm}^2$;

4. Durchmesser der Umschnürungseisen $d_s = 8$ mm;

$$F_s = \frac{F \cdot \pi \cdot d}{s} = \frac{0,503\ \text{cm}^2 \cdot 3,14 \cdot 24\ \text{cm}}{4,5\ \text{cm}} = 8,42\ \text{cm}^2;$$

$$F_e > \tfrac{1}{3} \cdot 8,42\ \text{cm}^2 = 2,81\ \text{cm}^2;$$

vorhanden sind $6,28\ \text{cm}^2$;

5. $F_i < 2\,F_b = 2 \cdot 477 = 954\ \text{cm}^2$;

$F_i = F_k + 15 \cdot F_e + 45 \cdot F_s$;

$d_k = 24\ \text{cm} - 2 \cdot 1,5\ \text{cm} - 0,8\ \text{cm} = 20,2\ \text{cm}$;

$F_i = 320,5\ \text{cm}^2 + 15 \cdot 6,28\ \text{cm}^2 + 45 \cdot 8,42\ \text{cm}^2 = 794\ \text{cm}^2$;

$$\hat{\sigma}_b = \frac{\hat{P}}{F_i} = \frac{21\,763\ \text{kg} + 0,0477\ \text{m}^2 \cdot 2,30\ \text{m} \cdot 2400\ \text{kg/m}^3}{794\ \text{cm}^2} = 27,8\ \text{kg/cm}^2.$$

1 kg Eisen in den Umschnürungseisen erhöht die Tragfähigkeit der Säule in höherem Maße, als wenn dasselbe zu den Längseisen verwendet wird.

Eisenverzeichnis:

8 Rundeisen $d = 10$ mm: $2,30\ \text{m} + 2 \cdot 0,20\ \text{m} = 2,70\ \text{m}$ lang (ohne Haken);

$$\tfrac{1}{3}\left(\frac{2,30\ \text{m}}{0,045\ \text{m}} \cdot 0,202\ \text{m} \cdot 3,14 + 2 \cdot 0,30\ \text{m}\right) + 2 \cdot 0,10\ \text{m}$$
$$= 3\ \text{Stück}\ d = 8\ \text{mm}\ 11,00\ \text{m lang.}$$

d) Exzentrische Belastung.

Man unterscheidet 3 Fälle:

1. die exzentrische Kraft greift innerhalb des Kernes an.

2. der Angriffspunkt der exzentrischen Kraft fällt mit dem Kernrande zusammen;

3. die exzentrische Kraft greift außerhalb des Kernes an.

Unter dem Kern eines Querschnittes versteht man diejenige Figur, welche angibt, ob in dem Querschnitt nur Druck- oder Druck- und Zugspannungen auftreten. Fällt nämlich der Angriffspunkt der Kraft in die Kernfigur hinein, so enstehen nur Druckspannungen; fällt er dagegen außerhalb derselben, so entstehen Druck- und Zugspannungen.

Für den Fall, daß auf der der angreifenden Kraft entgegengesetzten Seite keine Zugspannung entstehen soll, d. h. die Kantenpressung = 0 werden soll, muß die Kraft am Kernrand angreifen; aus dieser Beziehung läßt sich der Kernrand berechnen.

$F = b \cdot h + \gamma \cdot (F_e' + F_e') =$ Gesamtquerschnitt in cm²;

F_e und $F_e' =$ Querschnitt der gedrückten bzw. der gezogenen (oder weniger gedrückten) Eiseneinlagen in cm²;

a und a' $=$ Abstand der Eiseneinlagen von der gedrückten bzw. gezogenen (oder weniger gedrückten) Seite in cm;

k $=$ Abstand des Kernrandes vom Schwerpunkt S des Querschnittes in cm;

e $=$ Abstand des Angriffspunktes der Kraft vom Schwerpunkt (Exzentrität) in cm;

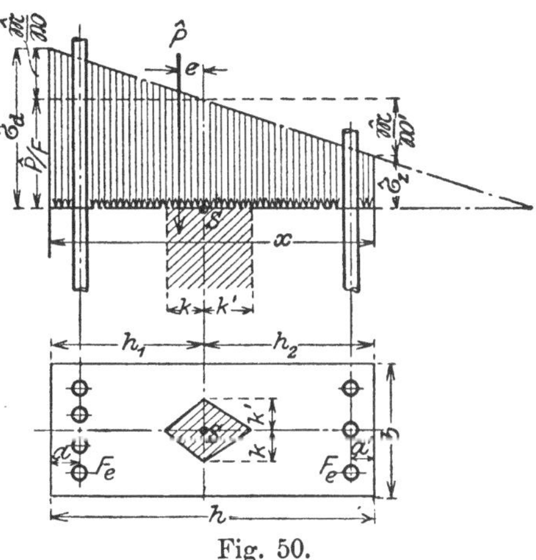

Fig. 50.

x $=$ Abstand der Nullinie von der Druckseite in cm;

$\Theta_s =$ Trägheitsmoment, bezogen auf die Schwerachse in cm⁴;

$\hat{\sigma}_d$ und $\hat{\sigma}_z$ Beanspruchung des Betons an der gedrückten bzw. der gezogenen (oder weniger gedrückten) Seite in kg/cm²;

$\hat{\sigma}_e$ und $\hat{\sigma}_e$ Beanspruchung des Eisens an der gedrückten bzw. der gezogenen (oder weniger gedrückten) Seite in kg/cm².

1. Die exzentrische Belastung greift innerhalb des Kernes an:

$$e < k; \quad x > h;$$

da in diesem Falle nur Druckspannungen vorkommen, so muß die Nullinie außerhalb des Querschnittes fallen.

$$\hat{\sigma}_d = \frac{\hat{P}}{F} + \frac{\mathfrak{M}}{\mathfrak{W}} = \frac{\hat{P}}{F} + \frac{\hat{P} \cdot e \cdot h_1}{\Theta_s} \quad \ldots \ldots (27);$$

$$\hat{\sigma}_z = \frac{\hat{P}}{F} - \frac{\mathfrak{M}}{\mathfrak{W}'} = \frac{\hat{P}}{F} - \frac{\hat{P} \cdot e \cdot h_2}{\Theta_s} \quad \ldots \ldots (28);$$

$$\frac{x}{x-h} = \frac{\hat{\sigma}_d}{\hat{\sigma}_z}; \quad x \cdot \hat{\sigma}_z = x \cdot \hat{\sigma}_d - \hat{\sigma}_d \cdot h;$$

$$x = \frac{\hat{\sigma}_d \cdot h}{\hat{\sigma}_d - \sigma_z} = \frac{h}{1 - \frac{\hat{\sigma}_z}{\hat{\sigma}_d}} \quad \ldots \ldots (29);$$

$$\hat{\sigma}_e = \frac{\nu \cdot \hat{\sigma}_d}{x} \cdot (x - a) \quad \ldots \ldots \ldots \quad (30);$$

$$\hat{\sigma}_e' = \frac{\nu \cdot \hat{\sigma}_d}{x} \cdot (x - h + a') \quad \ldots \ldots \quad (31);$$

2. Die exzentrische Belastung trifft mit dem Kernrande zusammen:

$e = k$; $x = h$ und $\hat{\sigma}_z = 0$; daher aus (28):

$$\frac{\hat{P}}{F} = \frac{\hat{P} \cdot K \cdot h_2}{\Theta_s} \text{ und } k = \frac{\Theta_s}{F \cdot h_2} \quad \ldots \ldots \quad (32);$$

wird $e = k'$, $x = h$ und $\hat{\sigma}_d = 0$, so folgt aus (27):

$$k' = \frac{\Theta_s}{F \cdot h_1} \quad \ldots \ldots \ldots \quad (33);$$

bei symmetrischem Querschnitt ist $F_e = F_e'$ und $a = a'$; es wird dann

$$K = K' = \frac{\Theta_s}{F \cdot h} = \frac{b \cdot h^2}{6 \cdot F} + \frac{2 \nu \cdot F_e \cdot \left(\dfrac{h}{2} - a\right)^2}{h \cdot F} \quad \ldots \quad (34).$$

Beispiel 13: Die in dem Beispiel 10 berechnete Stütze soll eine Länge von 3,60 m erhalten und außer der zentrischen Belastung noch eine seitliche Belastung von $\hat{P}_2 = 2500$ kg durch einen Doppel-Teeträger erhalten, welcher in einer Höhe von 3,00 m über der Grundfläche angreift; der Abstand des Trägermittels vom Säulenmittel ist 18 cm. Die Belastung des Ständers durch die E. B.-Decke ist, wie im Beispiel 10:

$$\hat{P}_1 = 2 \cdot 5918 \text{ kg} + 9927 \text{ kg} + 0,25 \text{ m} \cdot 0,25 \text{ m} \cdot 3,60 \text{ m} \cdot 2400 \text{ kg/m}^3 =$$
$$= 22\,303 \text{ kg};$$

da $l < 15 \cdot b = 15 \cdot 25$ cm $= 3,75$ cm, so ist eine Untersuchung auf Knicken nicht erforderlich; die Mittelkraft aus $\hat{P}_1$ und $\hat{P}_2$ ist:

$$\hat{P} = 22\,303 + 2500 = 24\,803 \text{ kg};$$

auf der Seite der exzentrisch angreifenden Belastung erhält die Stütze 4 Eiseneinlagen $d = 20$ mm; auf der entgegengesetzten Seite werden die in dem Beispiel 10 gewählten 2 Eiseneinlagen $d = 1,3$ cm belassen. $F_e = 2 \cdot 1,33$ cm$^2 + 4 \cdot 3,14$ cm$^2 = 15,22$ cm^2; $F_b = 25$ cm $\cdot 25$ cm $= 625$ cm; F_e hat der Bedingung zu genügen

$$\frac{0,8}{100} \cdot 625 \text{ cm}^2 < F_e < \frac{3}{100} \cdot 625 \text{ cm}^2;$$

der Abstand des für die Bestimmung des Trägheitsmomentes maßgebenden Schwerpunktes von der äußeren Kante nächst $\hat{P}_2$ beträgt:

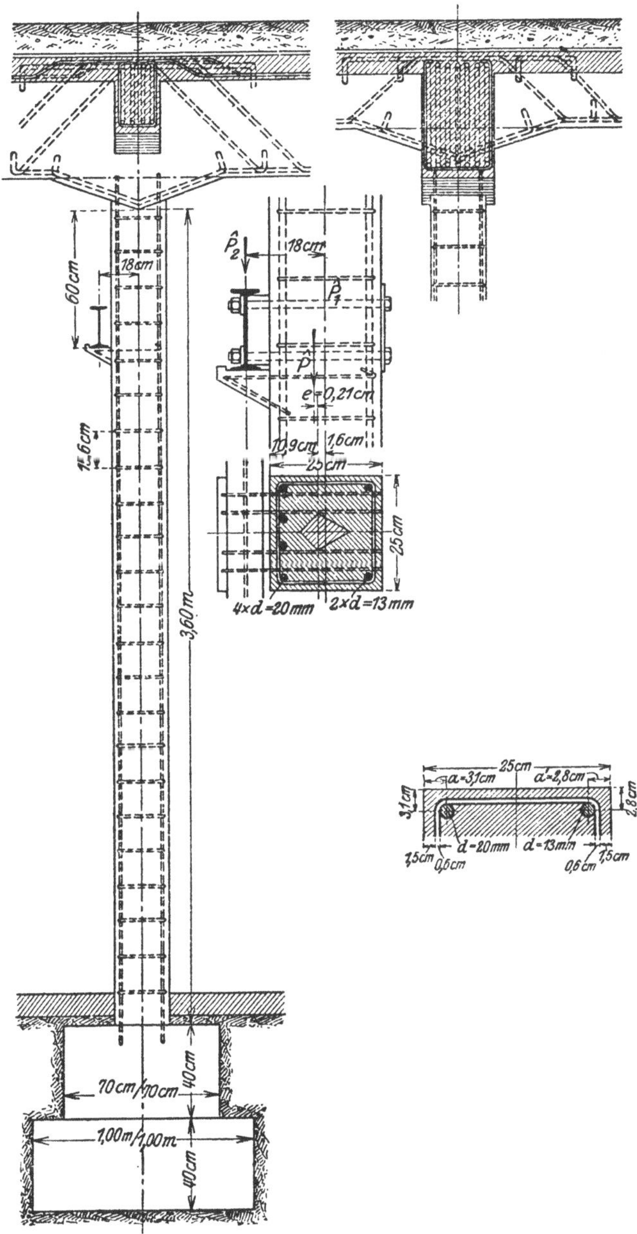

Fig. 51.

$$h_1 =$$

$$\frac{25\,\text{cm} \cdot 25\,\text{cm} \cdot 12{,}5\,\text{cm} + 2 \cdot 15 \cdot 1{,}33\,\text{cm}^2 \cdot 22{,}2\,\text{cm} + 4 \cdot 15 \cdot 3{,}14\,\text{cm}^2 \cdot 3{,}1\,\text{cm}}{25\,\text{cn} \cdot 25\,\text{cm} + 15{,}22\,\text{cm}^2 \cdot 15} = 10{,}9\,\text{cm};$$

$$h_2 = 14{,}1\,\text{cm}; \quad F = 625 + 228 = 853\,\text{cm}^2;$$

$$F_e = 12{,}56\,\text{cm}^2 \,(4 \times d = 20\,\text{mm}); \quad F_e{}' = 2{,}66\,\text{cm}^2 \,(2 \times d = 13\,\text{mm});$$

$$a = 1{,}5 + 0{,}6 + \tfrac{1}{2} \cdot 2{,}0 = 3{,}1\,\text{cm}; \quad a' = 1{,}5 + 0{,}6 + \tfrac{1}{2} \cdot 1{,}3 = 2{,}8\,\text{cm}.$$

Der Abstand der Mittelkraft vom Schwerpunkt ist:

$$e = \frac{2\,500\,\text{kg}}{24\,803\,\text{kg}} \cdot 18\,\text{cm} - 1{,}6\,\text{cm} = 0{,}21\,\text{cm}.$$

Trägheitsmoment:

$$\Theta_s = 25\,\text{cm} \cdot \tfrac{1}{3}\left[(10{,}9\,\text{cm})^3 + (14{,}1\,\text{cm})^3\right] + 15 \cdot 12{,}56\,\text{cm}^2 \cdot (7{,}7\,\text{cm})^2$$
$$+ 15 \cdot 2{,}66\,\text{cm}^2 \cdot (11{,}3\,\text{cm})^2 = 50\,420\,\text{cm}^4;$$

$$k = \frac{50\,420\,\text{cm}^4}{853\,\text{cm}^2 \cdot 14{,}1\,\text{cm}} = 4{,}2\,\text{cm}; \quad \text{da } e < k, \text{ wird:}$$

$$\hat{\sigma}_d = \frac{24\,803\,\text{kg}}{853\,\text{cm}^2} + \frac{24\,803\,\text{kg} \cdot 0{,}21\,\text{cm} \cdot 10{,}9\,\text{cm}}{50\,420\,\text{cm}^4} = 30{,}2\,\text{kg/cm}^2;$$

$$\overset{\wedge}{\sigma}_z = \frac{24\,803\,\text{kg}}{853\,\text{cm}^2} - \frac{24\,803\,\text{kg} \cdot 0{,}21\,\text{cm} \cdot 14{,}1\,\text{cm}}{50\,420\,\text{cm}^4} = 27{,}8\,\text{kg/cm}^2;$$

$$x = \frac{25\,\text{cm}}{1 - \dfrac{27{,}8\,\text{kg/cm}^2}{30{,}2\,\text{kg/cm}^2}} = 315\,\text{cm};$$

$$\hat{\sigma}_e = \frac{15 \cdot 30{,}2\,\text{kg/cm}^2}{315\,\text{cm}}(\cdot\,315\,\text{cm} - 3{,}1\,\text{cm}) = 448\,\text{kg/cm}^2;$$

$$\hat{\sigma}_e{}' = \frac{15 \cdot 27{,}8\,\text{kg/cm}^2}{315\,\text{cm}} \cdot (315\,\text{cm} - 25\,\text{cm} + 2{,}8\,\text{cm}) = 387\,\text{kg/cm}^2.$$

Bügelabstand: 1. $a < 25\,\text{cm}$; 2. $a < 12 \cdot 1{,}3\,\text{cm} = 15{,}6\,\text{cm}$;

$$3. \quad a = 132{,}3\,\frac{d}{\sqrt{\hat{\sigma}_b}} = 132{,}3 \cdot \frac{1{,}3\,\text{cm}}{\sqrt{27{,}8\,\text{kg/cm}^2}} = 33\,\text{cm}; \quad \text{gewählt wird daher}$$

$a = 15{,}6\,\text{cm}.$

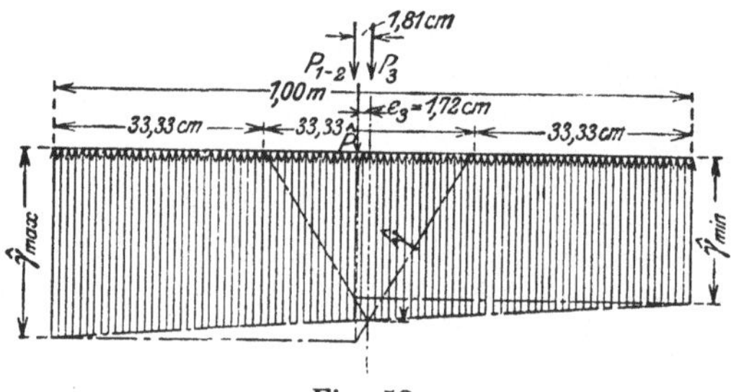

Fig. 52.

Fundament:

Gesamtbelastung der Fundamentgrundfläche:

$$\hat{P} = 24\,803\,\text{kg} + (0{,}70\,\text{m}^2 + 1{,}00\,\text{m}^2) \cdot 0{,}40\,\text{m} \cdot 2200\,\text{kg/m}^3 = 26\,114\,\text{kg}.$$

Abstand dieser Vertikalkraft vom Säulenmittel:

$$e_3 = 1,81 \text{ cm} - \frac{1\,311 \text{ kg}}{26\,114 \text{ kg}} \cdot 1,81 \text{ cm} = 1,72 \text{ cm};$$ mittlerer spezifischer

Flächendruck der Fundamentgrundfläche auf das Erdreich:

$$\hat{\gamma} = \frac{26\,111 \text{ kg}}{100 \text{ cm} \cdot 100 \text{ cm}} = 2,61 \text{ kg/cm}^2;$$

$$\hat{\gamma}_{\max} = \frac{16,7 \text{ cm} + 1,72 \text{ cm}}{16,7 \text{ cm}} \cdot 2,61 \text{ kg/cm}^2 = 2,88 \text{ kg/cm}^2;$$

$$\hat{\gamma}_{\min} = \frac{16,7 \text{ cm} - 1,72 \text{ cm}}{16,7 \text{ cm}} \cdot 2,61 \text{ kg/cm}^2 = 2,54 \text{ kg/cm}^2.$$

3. Die exzentrische Kraft greift außerhalb des Kernes an:

e $<$ k; für die Ermittelung der Beton- und Eisenspannungen sind die 3 Bedingungen maßgebend:

1. die Spannungen verhalten sich wie die Abstände von der Nullinie, multipliziert mit dem Elastizitätsmaß;

2. die Summe der äußeren und inneren Kräfte muß $= 0$ sein;

3. die Summe der statischen Momente der auf den Querschnitt wirkenden Kräfte muß $= 0$ sein.

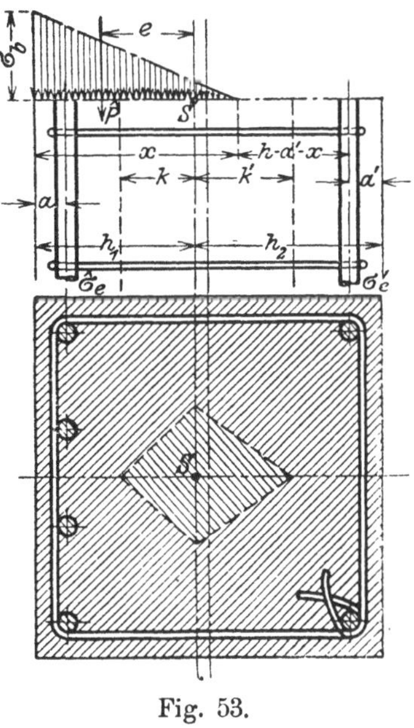

Aus diesen 3 Bedingungen ergeben sich die nachstehenden 4 Gleichungen:

1. $\hat{\sigma}_e{}' = \nu \cdot \hat{\sigma}_b \cdot \dfrac{h - a' - x}{x};$

2. $\hat{\sigma}_e = \nu \cdot \hat{\sigma}_b \cdot \dfrac{x - a}{x};$

3. $\hat{P} = \dfrac{x}{2} \cdot \hat{\sigma}_b \cdot b - F_e{}' \hat{\sigma}_e{}' + F_e \cdot \hat{\sigma}_e;$

4. $\hat{P}_e = \dfrac{\hat{\sigma}_b \cdot x}{2} \cdot b \cdot \left(h_1 - \dfrac{x}{3} \right)$

$+ F_e \cdot \hat{\sigma}_e \cdot (h_1 - a) + F_e{}' \cdot \hat{\sigma}_e{}' \cdot (h_2 - a');$

Fig. 53.

aus diesen 4 Gleichungen lassen sich die in denselben enthaltenen 4 Unbekannten $\hat{\sigma}_b$, $\hat{\sigma}_e$, $\hat{\sigma}_e{}'$ und x ermitteln; setzt man die Werte von $\hat{\sigma}_e{}'$ und $\hat{\sigma}_e$ aus Gleichung 1 und 2 in die Gleichung 3 und 4 ein, so wird:

5. $\hat{P} = \dfrac{x}{2} \cdot \hat{\sigma}_b \cdot b + F_e \cdot \nu \cdot \hat{\sigma}_b \cdot \dfrac{x-a}{x} - F_e{}' \cdot \nu \cdot \hat{\sigma}_b \cdot \dfrac{h-a'-x}{x} =$

$$= \hat{\sigma}_b \cdot \left[\dfrac{x}{2} \cdot b + \dfrac{\nu}{x} \cdot [F_e \cdot (x-a) - F_e{}'(h-a'-x)] \right];$$

6. $\hat{P} \cdot e = \hat{\sigma}_b \cdot \left[\left(\dfrac{x \cdot h_1}{2} - \dfrac{x^2}{6} \right) \cdot b + \dfrac{F_e \cdot \nu}{x} \cdot (x-a)(h_1-a) + \right.$

$$\left. + F_e{}' \cdot (h_2 - a') \cdot \dfrac{\nu}{x} \cdot (h-a'-x) \right];$$

den Wert von $\hat{P}$ aus der oberen in die untere Gleichung eingesetzt, ergibt:

$$\dfrac{x}{2} \cdot b \cdot e + \dfrac{\nu \cdot e}{x} \cdot [F_e \cdot (x-a) - F_e{}'(h-a'-x)] = \left(\dfrac{x \cdot h_1}{2} - \dfrac{x^2}{6} \right) \cdot b +$$

$$+ \dfrac{F_e \cdot \nu}{x} \cdot (x-a)(h_1-a) + F_e{}' \cdot (h_2-a') \cdot \dfrac{\nu}{x} \cdot (h-a'-x);$$

auf beiden Seiten mit $\dfrac{6 \cdot x}{b}$ multipliziert, gibt:

$$x^3 - 3 \cdot x^2 \cdot (h_1 - e) + \dfrac{6\,\nu}{b} \cdot x\,[e \cdot (F_e + F'_e) - F_e \cdot (h_1-a) + F_e{}'(h_2-a')] -$$

$$- \dfrac{6\,\nu}{b} \cdot [e \cdot (F_e \cdot a + F_e{}'(h-a')) - F_e \cdot a\,(h_1-a) + F_e{}' \cdot (h_2-a')(h-a')] =$$

$$= 0 \quad . \quad . \quad . \quad . \quad . \quad . \quad . \quad (35).$$

Nachdem man aus dieser Gleichung 3. Grades, am elementarsten nach der „Regula falsi" wie in dem nächsten Beispiel gezeigt wird, das x berechnet hat, kann man aus Gleichung 5., $\hat{\sigma}_b$ berechnen und aus Gleichung 1., und 2., die Werte von $\hat{\sigma}_e$ und $\hat{\sigma}_e{}'$ ermitteln:

$$\hat{\sigma}_b = \dfrac{\hat{P}}{\dfrac{x}{2} \cdot b + \dfrac{\nu}{x} \cdot [F_e\,(x-a) - F_e{}'\,(h-a'-x)]} \qquad (36);$$

$$\hat{\sigma}_e{}' = \nu \cdot \hat{\sigma}_b \cdot \dfrac{h-a'-x}{x} \quad (\text{Zug!}) \quad . \quad . \quad . \quad . \quad . \quad (37);$$

$$\hat{\sigma}_e = \nu \cdot \hat{\sigma}_b \cdot \dfrac{x-a}{x} \quad (\text{Druck!}) \quad . \quad . \quad . \quad . \quad . \quad (38).$$

Beispiel 14: Die Stütze mit den gleichen Abmessungen wie diejenige in dem Beispiel 13 besitze eine zentrale Belastung von $\hat{P}_1 = 5500$ kg und eine exzentrische Belastung von ebenfalls $\hat{P}_2 = 5500$ kg; die Mittelkraft aus diesen beiden Kräften $\hat{P} = 5500 + 5500 = 11\,000$ kg wirkt in einem Abstand von dem für die Berechnung des Trägheitsmomentes maßgebenden Schwerpunkt des

Querschnittes $e = \dfrac{2200\,\text{kg}}{4400\,\text{kg}} \cdot 18\,\text{cm} - 1,6\,\text{cm} = 7,4\,\text{cm}$. e ist $> k\,(4,2\,\text{cm})$, daher greift die exzentrische Belastung außerhalb des Kernes an; $h_1 = 10,9\,\text{cm}$; $h_2 = 14,1\,\text{cm}$; $F_e = 12,56\,\text{cm}^2$; $F_e{}' = 2,66\,\text{cm}^2$; $a = 3,1\,\text{cm}$; $a' = 2,8\,\text{cm}$; daher:

$$x^3 - 3 \cdot 3,5\,\text{cm} \cdot x^2 + \frac{6 \cdot 15}{25\,\text{cm}} \cdot x \cdot [7,4\,\text{cm} \cdot 15,22\,\text{cm}^2 - 12,56\,\text{cm}^2 \cdot 7,8\,\text{cm} +$$

$$+\ 2,66\,\text{cm}^2 \cdot 11,3\,\text{cm}] - \frac{6 \cdot 15}{25\,\text{cm}} \cdot [7,4\,\text{cm} \cdot (12,56\,\text{cm}^2 \cdot 3,1\,\text{cm} +$$

$$+\ 2,66\,\text{cm}^2 \cdot 22,2\,\text{cm}) - 12,56\,\text{cm}^2 \cdot 3,1\,\text{cm} \cdot 7,8\,\text{cm} +$$

$$+\ 2,66\,\text{cm}^2 \cdot 11,3\,\text{cm} \cdot 22,2\,\text{cm}] = 0;$$

$$x^3 - 10,5 \cdot x^2 + 160,9\,x - 3955 = 0;$$

$x = 16$ eingesetzt, gibt:

$$4096 - 2688 + 2574 - 3955 = +227;$$

$x = 15$:

$$3375 - 2414 + 2363 - 3955 = -631;$$

$$\frac{x - 16}{x - 15} = \frac{+227}{-631},$$

$$-631\,x + 10096 = +227 \cdot x - 3385;$$

$$858\,x = 13\,481;$$

$$x = 15,7\,\text{cm};$$

$$\hat{\sigma}_b = \frac{11\,000\,\text{kg}}{\dfrac{15,7\,\text{cm}}{2} \cdot 25\,\text{cm} + \dfrac{15}{15,7\,\text{cm}} \cdot (12,56\,\text{cm}^2 \cdot 12,6\,\text{cm} - 2,66\,\text{cm}^2 \cdot 6,5\text{cm})} = 33,2\,\text{kg/cm}^2;$$

$$\hat{\sigma}_e{}' = 15 \cdot 33,2\,\text{kg/cm}^2 \cdot \frac{22,2\,\text{cm} - 15,7\,\text{cm}}{15,7\,\text{cm}} = 206\,\text{kg/cm}^2;$$

$$\hat{\sigma}_e = 15 \cdot 33,2\,\text{kg/cm}^2 \cdot \frac{15,7\,\text{cm} - 3,1\,\text{cm}}{15,7\,\text{cm}} = 400\,\text{kg/cm}^2.$$

Bügelabstand: 1. $a < 25\,\text{cm}$; 2. $a < 12 \cdot 1,3\,\text{cm} = 15,6\,\text{cm}$;

$$3.\ a = 132,3 \cdot \frac{d}{\sqrt{\hat{\sigma}_b}} = 132,3 \cdot \frac{1,3\,\text{cm}}{\sqrt{33,2\,\text{kg/cm}^2}} = 30\,\text{cm};$$

gewählt wird $a = 15,6\,\text{cm}$.

Fundament: 2 Absätze in Beton $60\,\text{cm}/60\,\text{cm}$ und $80\,\text{cm}/80\,\text{cm}$ Grundfläche, je $40\,\text{cm}$ hoch.

Gesamtbelastung der Fundamentgrundfläche:

$$\hat{P} = 11\,000\,\text{kg} + [(0,60\,\text{m})^2 + (0,80\,\text{m})^2] \cdot 0,40\,\text{m} \cdot 2200\,\text{kg/m}^3 = 11\,880\,\text{kg};$$

Abstand dieser Mittelkraft vom Säulenmittel:

$$e_3 = 9,0 \text{ cm} - \frac{880 \text{ kg}}{11\,880 \text{ kg}} \cdot 9,0 \text{ cm} = 8,3 \text{ cm};$$

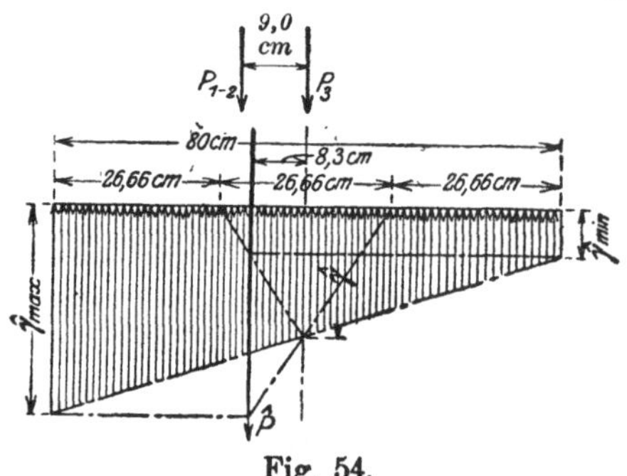

Fig. 54.

mittlerer spez. Flächendruck der Fundamentgrundfläche auf das Erdreich:

$$\hat{\gamma} = \frac{11\,880 \text{ kg}}{6400 \text{ cm}^2} = 1,86 \text{ kg/cm}^2;$$

Maximalkantenpressung:

$$\hat{\gamma}_{\max} = \frac{21,63 \text{ cm}}{13,33 \text{ cm}} \cdot 1,86 \text{ kg/cm}^2 =$$
$$= 3,02 \text{ kg/cm}^2.$$

Beispiel 15: Die Gesamtlänge der Säule im Beispiel 13 betrage 5,80 m; der Betonquerschnitt wird von 25 cm/25 cm auf 28 cm/28 cm vergrößert; auf der Seite der exzentrisch angreifenden Belastung erhält die Stütze 4 Eiseneinlagen d = 22 mm, auf der entgegengesetzten Seite werden 2 Eiseneinlagen d = 15 mm angeordnet;

$$F_e = 4 \cdot 3,80 \text{ cm}^2 + 2 \cdot 1,77 \text{ cm}^2 = 18,74 \text{ cm}^2;$$
$$F_b = 28 \text{ cm} \cdot 28 \text{ cm} = 784 \text{ cm}^2;$$

F_e hat der Bedingung zu genügen:

$$\frac{0,8 \cdot 784 \text{ cm}^2}{100} < F_e < \frac{3}{100} \cdot 784 \text{ cm}^2;$$

der Abstand des für die Bestimmung des Trägheitsmomentes maßgebenden Schwerpunktes an der äußeren Kante nächst $\hat{P}_2$ beträgt:

$$h_1 =$$
$$\frac{28 \text{ cm} \cdot 28 \text{ cm} \cdot 14 \text{ cm} + 2 \cdot 15 \cdot 1,77 \text{ cm}^2 \cdot 25,1 \text{ cm} + 4 \cdot 15 \cdot 3,80 \text{ cm} \cdot 3,2 \text{ cm}}{28 \text{ cm} \cdot 28 \text{ cm} + 15 \cdot 18,74 \text{ cm}^2}$$
$$= 12,24 \text{ cm};$$
$$h_2 = 28 \text{ cm} - 12,24 \text{ cm} = 15,76 \text{ cm}; \quad F = 784 + 281 = 1065 \text{ cm}^2;$$
$$F_e = 15,20 \text{ cm}^2 \,(4 \times d = 22 \text{ mm}); \quad F_e{}' = 3,54 \text{ cm}^2 \,(2 \times d = 15 \text{ mm});$$
$$a = 1,5 \text{ cm} + 0,6 \text{ cm} + \tfrac{1}{2} \cdot 2,2 \text{ cm} = 3,2 \text{ cm}; \quad a' = 1,5 \text{ cm} + 0,6 \text{ cm}$$
$$+ \tfrac{1}{2} \cdot 1,5 \text{ cm} = 2,9 \text{ cm};$$

die Belastung des Ständers durch die E.B.-Decke ist wie im Beispiel 10:

$$\hat{P}_1 = 2 \cdot 5918 \text{ kg} + 9927 \text{ kg} + 0,28 \text{ m} \cdot 0,28 \text{ m} \cdot 5,80 \text{ m} \cdot 2400 \text{ kg/m}^3 =$$
$$= 22\,854 \text{ kg};$$
$$\hat{P}_2 = 2500 \text{ kg}; \quad \text{Mittelkraft aus } \hat{P}_1 \text{ und } \hat{P}_2:$$
$$\hat{P} = 22\,854 + 2500 = 25\,354 \text{ kg};$$

Abstand dieser Mittelkraft vom Schwerpunkt des Querschnittes:

$$e = 18\ \text{cm} - \frac{22\,854\ \text{kg}}{25\,354\ \text{kg}} - 1,76\ \text{cm} = 0,01\ \text{cm};$$

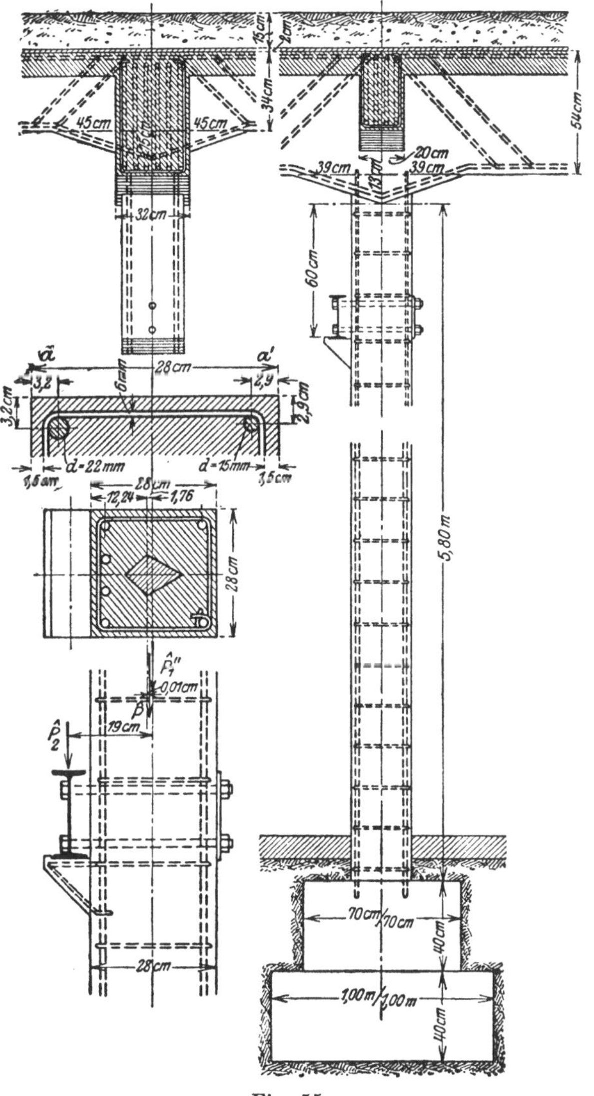

Fig. 55.

da $l > 15 \cdot 0,28\ \text{m} = 4,20\ \text{m}$ ist, so ist die Stütze auf Knicken zu berechnen; neben dem Nachweis der Knicksicherheit sind wegen der

exzentrischen Belastung auch noch die größten Kantenpressungen

aus der Gleichung $\hat{\sigma}_b = \dfrac{\hat{P}}{F} \pm \dfrac{\hat{\mathfrak{M}}}{\mathfrak{W}}$ zu ermitteln; da ferner

$$l > 20 \cdot 0{,}28\,\text{m} = 5{,}60\,\text{m}$$

ist, so ist $\mathfrak{M}$ noch um den Wert

$$\hat{P} \cdot \frac{l}{200} = 22\,854\,\text{kg} \cdot \frac{5{,}80\,\text{m}}{200} = 663\,\text{mkg},$$

der der Wirkung der Knickkraft am Hebelarm der Durchbiegung Rechnung tragen soll, zu vermehren. Soll die Säule knicksicher sein, so muß das Trägheitsmoment mindestens betragen:

$$\Theta = 70 \cdot P \cdot l^2 = 70 \cdot 25{,}354\,\text{t} \cdot (5{,}80\,\text{m})^2 = 59\,704\,\text{cm}^4;$$

vorhanden ist:

$$\Theta_s = 28\,\text{cm} \cdot \tfrac{1}{3} \cdot [(12{,}24\,\text{cm})^3 + (15{,}76\,\text{cm})^3] + 15 \cdot 15{,}20\,\text{cm}^2 \cdot (9{,}04\,\text{cm})^2$$
$$+ 15 \cdot 3{,}54\,\text{cm} \cdot (12{,}86\,\text{cm})^2 = 81\,067\,\text{cm}^4;$$

die Säule ist daher knicksicher;

$$k = \frac{81\,067\,\text{cm}^4}{1065\,\text{cm}^2 \cdot 15{,}76\,\text{cm}} = 4{,}83\,\text{cm};$$

da $e < k$, so wirkt die Mittelkraft innerhalb des Kernes.

$$\hat{\sigma}_d = \frac{25\,354\,\text{kg}}{1065\,\text{cm}^2} + \frac{(25\,354\,\text{kg} \cdot 0{,}01\,\text{cm} + 66\,300\,\text{cmkg}) \cdot 12{,}24\,\text{cm}}{81\,067\,\text{cm}^4} =$$
$$= 33{,}8\,\text{kg/cm}^2;$$

$$\hat{\sigma}_z = \frac{25\,354\,\text{kg}}{1065\,\text{cm}^2} - \frac{(25\,354\,\text{kg} \cdot 0{,}01\,\text{cm} + 66\,300\,\text{cm/kg}) \cdot 15{,}76\,\text{cm}}{81\,067\,\text{cm}^4} =$$
$$= 10{,}9\,\text{kg/cm}^2;$$

$$x = \frac{28\,\text{cm}}{1 - \dfrac{10{,}9\,\text{kg/cm}^2}{33{,}8\,\text{kg/cm}^2}} = 41{,}2\,\text{cm};$$

$$\hat{\sigma}_e = \frac{15 \cdot 33{,}8\,\text{kg/cm}^2}{41{,}2\,\text{cm}} \cdot (41{,}2\,\text{cm} - 3{,}2\,\text{cm}) = 468\,\text{kg/cm}^2;$$

$$\hat{\sigma}_e' = \frac{15 \cdot 10{,}9\,\text{kg/cm}^2}{41{,}2\,\text{cm}} \cdot (41{,}2\,\text{cm} - 28\,\text{cm} + 2{,}9\,\text{cm}) = 64\,\text{kg/cm}^2;$$

Bügelabstand: 1. $a < 28\,\text{cm}$; 2. $a < 12 \cdot 1{,}5\,\text{cm} = 18\,\text{cm}$;

$$3.\ a = 132{,}3\,\frac{d}{\sqrt{\hat{\sigma}_b}} = 132{,}3 \cdot \frac{1{,}5\,\text{cm}}{\sqrt{10{,}9\,\text{kg/cm}^2}} = 60\,\text{cm};$$

gewählt wird $a = 18\,\text{cm}$.

Fundament: Gesamtbelastung der Fundamentgrundfläche:

$$\hat{P} = 25\,354\,\text{kg} + (0{,}70\,\text{m}^2 + 1{,}00\,\text{m}^2) \cdot 0{,}40\,\text{m} \cdot 2200\,\text{kg/m}^3 = 26\,665\,\text{kg};$$

Abstand dieser Vertikalkraft vom Säulenmittel:

$$e_3 = 1{,}77\,\text{cm} - \frac{1311\,\text{kg}}{26\,665\,\text{kg}} \cdot 1{,}77\,\text{cm} = 1{,}68\,\text{cm}:$$

mittlerer spez. Flächendruck der Fundamentgrundfläche:

$$\hat{\gamma} = \frac{26\,665\,\text{kg}}{100\,\text{cm} \cdot 100\,\text{cm}} = 2,67\,\text{kg/cm}^2;$$

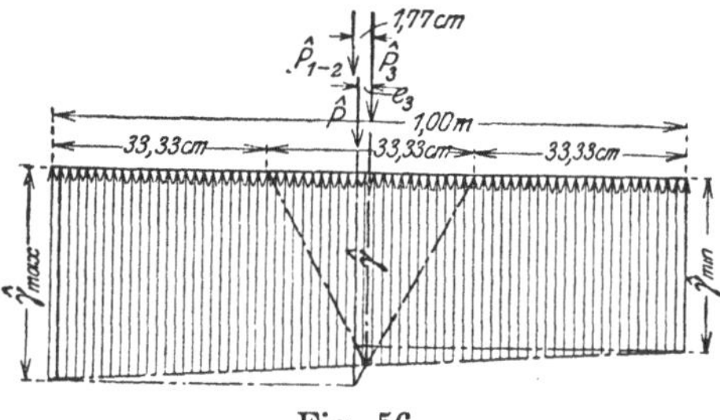

Fig. 56.

Kantenpressungen:

$$\hat{\gamma}_{\text{max}} = \frac{16,7\,\text{cm} + 1,68\,\text{cm}}{16,7\,\text{cm}} \cdot 2,67\,\text{kg/cm}^2 = 2,94\,\text{kg/cm}^2;$$

$$\hat{\gamma}_{\text{min}} = \frac{16,7\,\text{cm} - 1,68\,\text{cm}}{16,7\,\text{cm}} \cdot 2,67\,\text{kg/cm}^2 = 2,40\,\text{kg/cm}^2.$$

Beispiel 16: Eisenbetonpfosten für eine Bretterwand von 2,75 m Höhe. Pfostenabstand: 2,50 m; Winddruck auf ein Feld der Wand: $^{\text{w}}\hat{P} = 2,50\,\text{m} \cdot 2,75\,\text{m} \cdot 75\,\text{kg/m}^2 = 516\,\text{kg};$

a) horizontale Hölzer der Bretterwand: $l = 2,50\,\text{m};$ gleichm. vert. Belastung durch den Winddruck:

$$\hat{p} = \tfrac{1}{2} \cdot 2,75\,\text{m} \cdot 75\,\text{kg/m}^2 = 103\,\text{kg/m};$$

$$\hat{\mathfrak{M}} = \tfrac{1}{8} \cdot 103\,\text{kg/m} \cdot 2,50\,\text{m}^2 = 80\,\text{mkg};$$

gewählt wird 12 cm/12 cm mit $\mathfrak{W} = \tfrac{1}{6} \cdot (12\,\text{cm})^3 = 288\,\text{cm}^3;$ Spannung in den äußersten Fasern:

$$\hat{\sigma}_{\text{h}} = \pm \frac{8000\,\text{cmkg}}{288\,\text{cm}^3} = \pm 28\,\text{kg/cm}^2;$$

Befestigungsschrauben:

$$\hat{Z} = 2,50\,\text{m} \cdot 103\,\text{kg/m} = 258\,\text{kg};$$

$$d = {}^1/_2{}'' = 12,5\,\text{mm} \text{ (Kernquerschnitt: } 0,785\,\text{cm}^2);$$

$$\hat{\sigma}_{\text{e}} = \frac{258\,\text{kg}}{0,785\,\text{cm}^2} = 330\,\text{kg/cm}^2.$$

b) Pfosten: Die Pfosten werden 1,50 m tief in das Erdreich eingelassen, welches zweckmäßig mit sog. Doppelspaten ausgehoben und dann um den Pfosten herum gut festgestampft wird. Stößt man in dem untersten Teil des Erdloches auf größere Felsstücke, so daß ein weiteres Ausheben unmöglich wird, so kann man den Pfosten etwas abkürzen und durch Ausfüllen des Loches mit Magerbeton dem

Pfosten noch genügenden Halt geben. — Auf den oberen Teil des Erdreiches erzeugt der Winddruck auf die Bretterwand durch den Pfosten einen demselben entgegengesetzten Druck ($\hat{P}_2$) auf dasselbe,

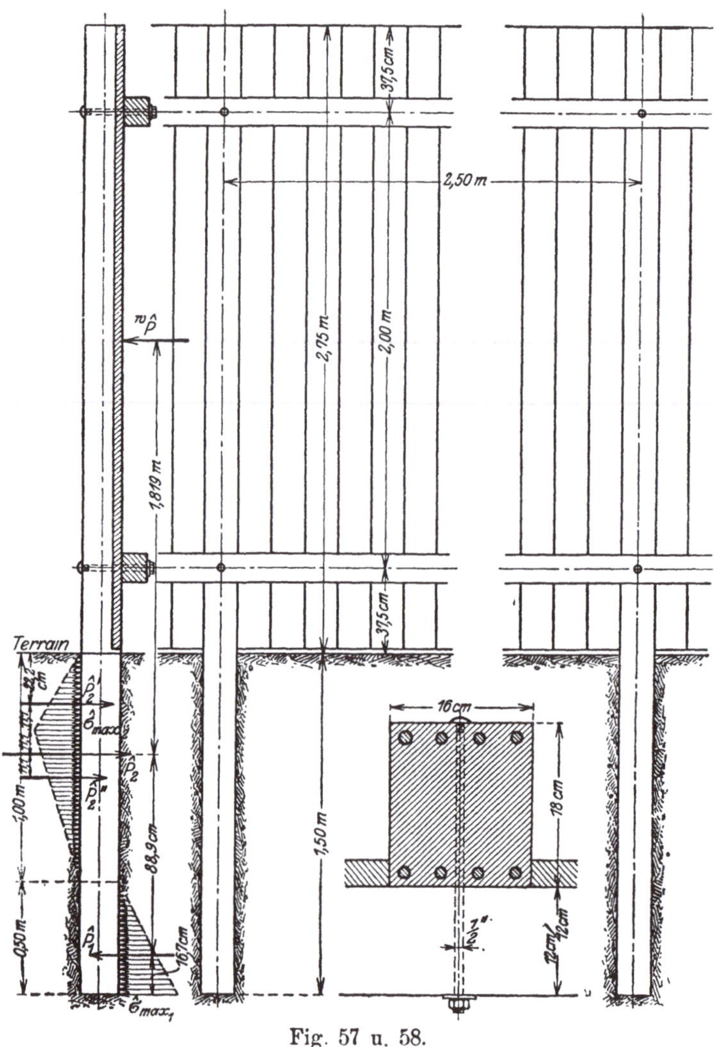

Fig. 57 u. 58.

während der Druck durch den unteren Teil des Pfostens auf das Erdreich ($\hat{P}_1$) dem Winddruck ($^w\hat{P}$) gleichgerichtet ist. Diese beiden Teile des in dem Erdreich befindlichen Pfostens werden nun so gewählt, daß der sich durch die Berechnung ergebende größte spez. Flächendruck auf das Erdreich an dem unteren Teil ($\hat{\sigma}_{max_1}$) entsprechend größer wird, als der größte spez. Flächendruck an dem oberen Teil ($\hat{\sigma}_{max_2}$). Zu diesem Zwecke wird der untere Teil $\frac{1}{3} \cdot 1{,}50\,\text{m} = 0{,}50\,\text{m}$, der obere Teil $\frac{2}{3} \cdot 1{,}50\,\text{m} = 1{,}00\,\text{m}$ hoch angenommen; der größte Erddruck ist an dem unteren Pfostenende $= \hat{\sigma}_{max_1}$; derselbe nimmt gleichmäßig ab bis zur Höhe von $0{,}50\,\text{m}$ über dem unteren Ende, woselbst er $= 0$ wird; von hier ab geht der Erddruck auf die entgegengesetzte Seite des Pfostens über; derselbe nimmt gleichmäßig zu bis zur Höhe $= \frac{2}{3}$ der Länge des in dem Erdreich befindlichen oberen Pfostenteiles, woselbst er $= \hat{\sigma}_{max_2}$ wird; von hier nimmt der Erddruck wieder gleichmäßig ab, so daß derselbe am Ende des übrigen Drittels des oberen Pfostenteiles, in Terrainhöhe, $= 0$ wird.

Die Mittelkraft aus dem gesamten Erddruck auf den unteren $0{,}50\,\text{m}$ hohen Pfostenteil ist $\hat{P}_1$; dieselbe wirkt in einer Höhe $= \frac{1}{3} \cdot 0{,}50\,\text{m} = 0{,}167\,\text{m}$ über dem unteren Pfostenende.

Die Mittelkraft des gesamten Erddruckes auf das obere Drittel des oberen Pfostenteiles ist $\hat{P}_2'$; dieselbe wirkt in einer Höhe $= \frac{2}{3} \cdot 0{,}333\,\text{m} = 0{,}222\,\text{m}$ unter Terrain; die Mittelkraft des gesamten Erddruckes auf die unteren Zweidrittel des oberen Pfostenteiles ist $\hat{P}_2''$; dieselbe wirkt in einer Höhe $= 0{,}333\,\text{m} + \frac{1}{3} \cdot 0{,}667\,\text{m} = 0{,}555\,\text{m}$ unter Terrain; $\hat{P}_2'' = 2 \cdot \hat{P}_2'$; die Mittelkraft des aus diesen beiden Kräften $\hat{P}_2 = \hat{P}_2' + \hat{P}_2''$ liegt in einer Höhe

$$= 0{,}222\,\text{m} + \frac{2}{3} \cdot 0{,}333\,\text{m} = 0{,}444\,\text{m}$$

unter Terrain.

$$\hat{P}_1 = 516\,\text{kg} \cdot \frac{1{,}819\,\text{cm}}{0{,}889\,\text{cm}} = 1056\,\text{kg};$$

$$\hat{P}_2 = 516\,\text{kg} + 1056\,\text{kg} = 1572\,\text{kg};$$

$$\hat{\sigma}_{max_1} = \frac{2 \cdot 1056\,\text{kg}}{50\,\text{cm} \cdot 16\,\text{cm}} = 2{,}64\,\text{kg/cm}^2;$$

$$\hat{\sigma}_{max_2} = \frac{2 \cdot 1572\,\text{kg}}{100\,\text{cm} \cdot 16\,\text{cm}} = 1{,}97\,\text{kg/cm}^2;$$

der gefährliche Querschnitt des Pfostens befindet sich in dem Abstand x' unter Terrain, für welchen die Mittelkraft aus dem gesamten oberhalb dieses Querschnittes liegenden Erddruckes $= {}^w\hat{P} = 516\,\text{kg}$ wird, daher:

$$1. \quad \frac{b \cdot x' \cdot \hat{\sigma}_x'}{2} = 516\,\text{kg}; \quad \text{außerdem ist:}$$

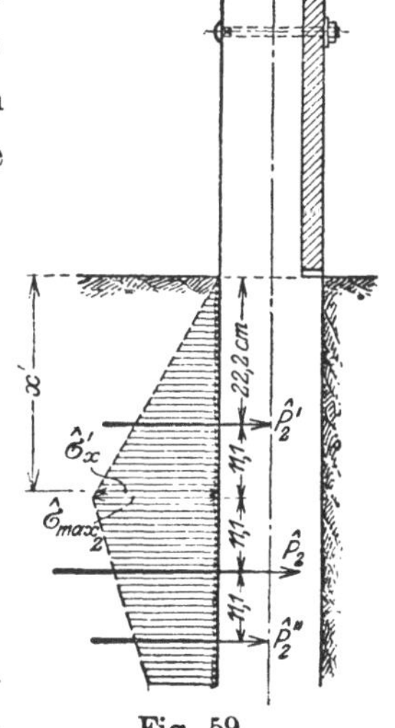

Fig. 59.

$$2. \quad \frac{x'}{33,3\ \text{cm}} = \frac{\hat{\sigma}_x'}{1,97\ \text{kg/cm}^2}; \quad \text{hieraus:}\ \hat{\sigma}_x' = \frac{1,97\ \text{kg/cm}^2 \cdot x'}{33,3\ \text{cm}};$$

diesen Wert in Gleichung 1 eingesetzt, gibt:

$$\frac{16\ \text{cm} \cdot 1,97\ \text{kg/cm}^2 \cdot x'^2}{2 \cdot 33,3\ \text{cm}} = 516\ \text{kg};$$

hieraus: $\qquad x' = \sqrt{\dfrac{2 \cdot 33,3\ \text{cm} \cdot 516\ \text{kg}}{16\ \text{cm} \cdot 1,97\ \text{kg/cm}^2}} = 33,0\ \text{cm};$

$$\mathfrak{M}_{max} = 516\ \text{kg} \cdot (1,375\ \text{m} + \tfrac{2}{3} \cdot 0,330\ \text{m}) = 823\ \text{mkg};$$

$$h = 18\ \text{cm};\ b = 16\ \text{cm};\ F_e = F_e' = 4,52\ \text{cm}^2\ (4 \times d = 12\ \text{mm});$$

$$a = a' = 1,6\ \text{cm};$$

$$x = \frac{15 \cdot 2 \cdot 4,52\ \text{cm}^2}{16\ \text{cm}} \cdot \left[\sqrt{1 + \frac{\overset{8,48}{18\ \text{cm}}}{8,48\ \text{cm}}} - 1 \right] = 6,50\ \text{cm};$$

$$\hat{\sigma}_b = \frac{82\,300\ \text{cmkg}}{\dfrac{16\ \text{cm} \cdot 6,50\ \text{cm}}{2} \cdot (16,4\ \text{cm} - 2,17\ \text{cm}) + 15 \cdot 4,52\ \text{cm}^2 \cdot \dfrac{4,90\ \text{cm}}{6,50\ \text{cm}} \cdot 14,8\ \text{cm}}$$
$$= 54,3\ \text{kg/cm}^2;$$

diese Spannung hat zwar die sonst übliche Grenze von 40 kg/cm² überschritten; bei sorgfältiger Herstellung der Pfosten im Mischungsverhältnis $1 : 3\frac{1}{2}$ jedoch ist immer noch eine $\dfrac{300\ \text{kg/cm}^2}{54,3\ \text{kg/cm}^2} = 5,6$-fache Sicherheit vorhanden, was in dem vorliegenden Falle noch genügend ist;

$$\hat{\sigma}_e = \frac{54,3\ \text{kg/cm}^2 \cdot 15}{6,50\ \text{cm}} \cdot (16,4\ \text{cm} - 6,50\ \text{cm}) = 1241\ \text{kg/cm}^2\ (\text{Zug});$$

auch diese geringe Mehrbeanspruchung über die zulässige Grenze (1200 kg/cm²) ist hier noch zulässig;

$$\hat{\sigma}_e' = \frac{54,3\ \text{kg/cm}^2 \cdot 15}{6,50\ \text{cm}} \cdot (6,50\ \text{cm} - 1,6\ \text{cm}) = 616\ \text{kg/cm}^2\ (\text{Druck}) \cdot$$

Eisenverzeichnis für 1 Pfosten:

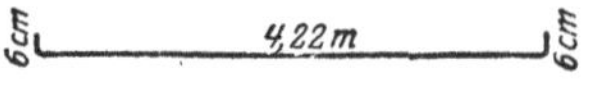

Fig. 60.

4 äußere Rundeisen d=12 mm 4,34 m lang;
4 mittlere   „   d=12 mm 2,00 m lang,
ohne Haken.

Diese letzteren Rundeisen beginnen 50 cm über dem unteren Pfostenende und enden 1,00 m über dem Terrain.

Beispiel 17: Eisenbetonstützwand 1,10 m hoch zwischen Eisenbetonpfosten. Pfostenabstand: 2,50 m.

Der tätige Erddruck auf die hintere Fläche der Stützwand durch das hinter derselben befindliche Erdreich, unter Vernachlässigung des

Reibungswinkels, beträgt: $\hat{E}_1 = \frac{1}{2} \cdot \hat{\gamma} \cdot h^2 \cdot tg^2\left(45^0 - \frac{\varrho}{2}\right) \cdot b$; für $\varrho = 32\,^1/_2{}^0$

wird $tg^2\left(45^0 - \frac{\varrho}{2}\right) = 0{,}300$; und $\hat{E}_1 = \frac{1}{2} \cdot 1600\,kg/m^3 \cdot 1{,}10\,m^2 \cdot 1{,}00\,m \cdot$

$0{,}300 = 290\,kg$; diese Horizontalkraft wirkt in einer Höhe $a_1 = \frac{1}{3} \cdot h$
$= 0{,}367\,m$ über dem unteren Terrain; eine Nutzlast von $\hat{n} = 500\,kg/m^2$
auf dem oberen Terrain erzeugt ferner einen Erddruck auf die hintere

Fläche der Stützwand von: $\hat{E}_2 = \hat{n} \cdot h \cdot b \cdot tg^2\left((45^0 - \frac{\varrho}{2}\right) = 500\,kg/m^2 \cdot$

$1{,}10\,m \cdot 1{,}00\,m \cdot 0{,}300 = 165\,kg$; dieselbe wirkt in einer Höhe $a_2 = \frac{1}{2} \cdot h$
$= 0{,}550\,m$ über dem unteren Terrain.

a) W a n d: Spezifischer Flächendruck des Erdreiches auf die
hintere Fläche der Stützwand in Höhe des unteren Terrains:

$$\hat{p}_u = \frac{2 \cdot 290\,kg}{1{,}10\,m} + \frac{155\,kg}{1{,}10\,m} = 677\,kg/m;$$

desgl. in Höhe des oberen Terrains:

$$\hat{p}_o = \frac{165\,kg}{1{,}10\,m} = 150\,kg/m;$$

Querschnitt der Wand in Höhe des unteren Terrains:

$$\mathfrak{M}_n = \frac{1}{8} \cdot 677\,kg/m \cdot 226\,m^2 = 432\,mkg;$$

$$h - a = 0{,}411 \cdot \sqrt{\frac{43\,200\,mkg}{100\,cm}} = 8{,}5\,cm;\quad h = 10\,cm;$$

$$F_e \quad 0{,}00228 \cdot \sqrt{43\,200\,cmkg \cdot 100\,cm} = 4{,}74\,cm^2;$$
$$10 \times d = 8\,mm \text{ mit } 5{,}03\,cm^2.$$

Querschnitt der Wand $0{,}500\,m$ unter dem oberen Terrain:

$$\hat{p}_{0{,}550\,m} = \frac{0{,}500\,m}{1{,}10\,m} \cdot 527\,kg/m + 150\,kg/m = 390\,kg/m;$$

$$\mathfrak{M}_{0{,}550\,m} = \frac{1}{8} \cdot 390\,kg/m \cdot (2{,}26\,m)^2 = 249\,mkg;$$

$$h - a = 0{,}411 \cdot \sqrt{\frac{24\,900\,cmkg}{100\,cm}} = 6{,}5\,cm;\quad h = 8\,cm;$$

$$F_e = 0{,}00228 \cdot \sqrt{24\,900\,cmkg \cdot 100\,cm} = 3{,}60\,cm^2;$$
$$7 \times d = 8\,mm \text{ mit } 3{,}52\,cm^2 \text{ noch genügend;}$$

die höher liegende Wand erhält den gleichen Querschnitt.

b) P f o s t e n: Der gesamte auf einen Pfosten wirkende Erddruck ist:

$$\hat{E} = 2{,}50\,m \cdot (2{,}90\,kg/m + 165\,kg/m) = 1138\,kg;$$

die Höhe des Angriffspunktes dieser Horizontalkraft über dem unteren
Terrain beträgt:

$$a = 0{,}367\,m + \frac{165\,kg/m}{455\,kg/m} \cdot 0{,}183\,m = 0{,}433\,m;$$

bezüglich der Verteilung des spezifischen Flächendruckes durch den
1,50 m langen Teil des Pfostens unter dem unteren Terrain auf das
Erdreich werden dieselben Annahmen gemacht, wie in dem Beispiel 16.

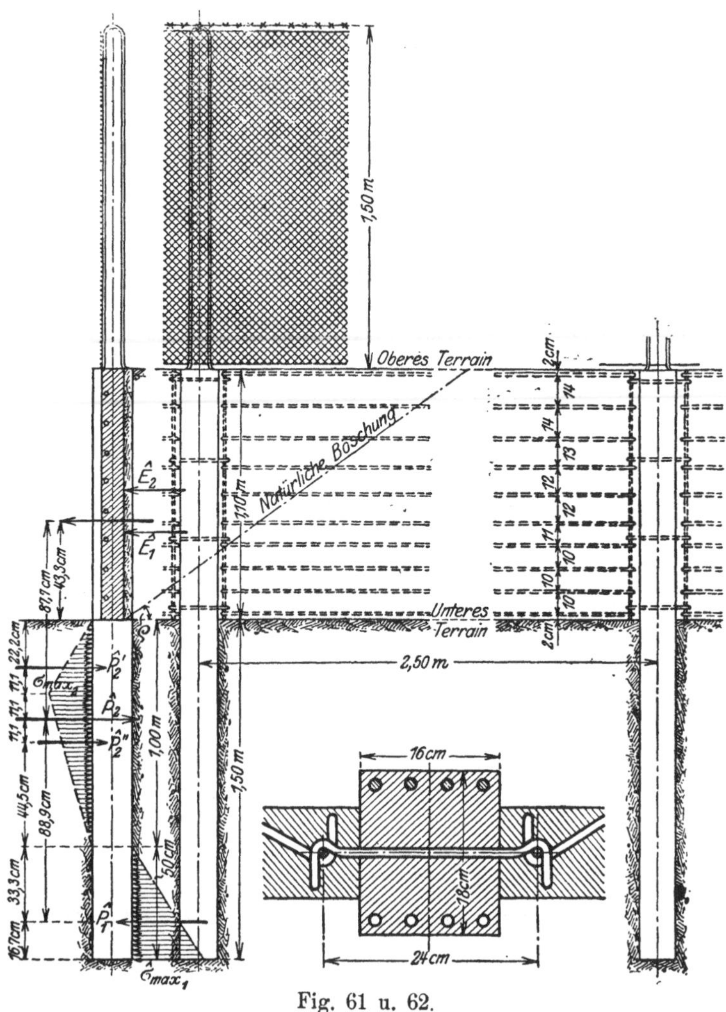

Fig. 61 u. 62.

Die Mittelkraft $\hat{P}_1$ aus dem gesamten Erddruck auf den untersten
0,50 m hohen Pfostenteil ist:

$$\hat{P}_1 = 1138 \,\text{kg} \cdot \frac{0,877 \,\text{m}}{0,889 \,\text{m}} = 1123 \,\text{kg};$$

die Mittelkraft $\hat{P}_2$ aus dem gesamten Erddruck auf den im Erdreich
befindlichen oberen 1,00 m hohen Pfostenteil ist:

$$\hat{P}_2 = 1138\,\text{kg} + 1123\,\text{kg} = 2261\,\text{kg};$$

$$\hat{\sigma}_{\max_1} = \frac{2 \cdot 1123\,\text{kg}}{16\,\text{cm} \cdot 50\,\text{cm}} = 2{,}81\,\text{kg/cm}^2;$$

$$\hat{\sigma}_{\max_2} = \frac{2 \cdot 2261\,\text{kg}}{16\,\text{cm} \cdot 100\,\text{cm}} = 2{,}82\,\text{kg/cm}^2;$$

$$\hat{P}_2' = \tfrac{1}{3} \cdot 2261\,\text{kg} = 754\,\text{kg};$$

der gefährliche Querschnitt des Pfostens liegt an der Stelle unter dem unteren Terrain, an welcher der gesamte spezifische Flächendruck des Pfostens auf das Erdreich vom unteren Terrain bis zu diesem Querschnitt die Größe $\acute{E} = 1138\,\text{kg}$ erreicht hat, folglich:

$$P_x' = \hat{E} = 1138\,\text{kg};\quad \hat{P}_2''' = \hat{P}_x' - \hat{P}_2' =$$
$$= 1138\,\text{kg} - 754\,\text{kg} = 384\,\text{kg};$$

$$P_2''' = \frac{\hat{\sigma}_{\max_2} + \hat{\sigma}_x'}{2} \cdot h''' \cdot b_1;\quad \frac{\hat{\sigma}_x'}{\hat{\sigma}_{\max_2}} = \frac{h'' - h'''}{h'''};$$

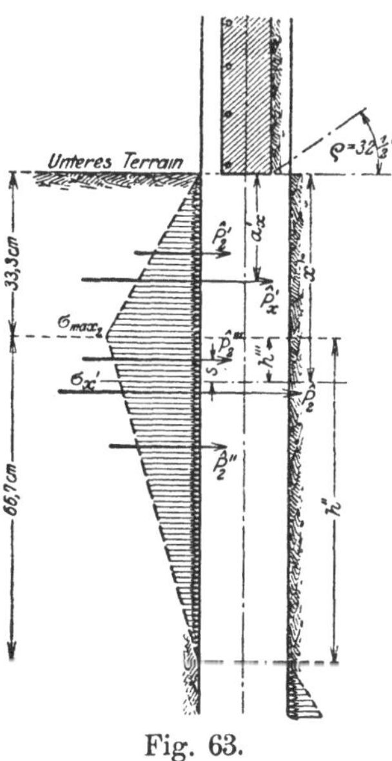

Fig. 63.

aus diesen beiden Gleichungen kann man $\hat{\sigma}_x'$ und h''' bestimmen.

$$\hat{\sigma}_x' = \frac{2\hat{P}_2'''}{h''' \cdot b_1} - \hat{\sigma}_{\max_2} = \frac{h'' - h'''}{h''} \cdot \hat{\sigma}_{\max_2};$$

$$2 \cdot \hat{P}_2''' \cdot h'' - \hat{\sigma}_{\max_2} \cdot h''' \cdot b_1 \cdot h'' = (h'' - h''') \cdot \hat{\sigma}_{\max_2} \cdot h''' \cdot b_1;$$

$$h''' - 2 \cdot h'' \cdot h''' + h''^2 = h''^2 - \frac{h'' \cdot 2 \cdot \hat{P}_2'''}{b_1 \cdot \hat{\sigma}_{\max_2}};$$

$$h''' = h'' \pm \sqrt{h''^2 - \frac{h'' \cdot 2 \cdot \hat{P}_2'''}{b_1 \cdot \hat{\sigma}_{\max_2}}} =$$

$$= 66{,}7\,\text{cm} \pm \sqrt{4489\,\text{cm}^2 - \frac{66{,}7\,\text{cm} \cdot 2 \cdot 384\,\text{kg}}{16\,\text{cm} \cdot 2{,}82\,\text{kg/cm}^2}} = 8{,}8\,\text{cm};$$

$$x' = 33{,}3\,\text{cm} + 8{,}8\,\text{cm} = 42{,}1\,\text{cm};\quad \hat{\sigma}_x' = \frac{57{,}9\,\text{cm}}{66{,}7\,\text{cm}} \cdot 2{,}82\,\text{kg/cm}^2 =$$
$$= 2{,}45\,\text{kg/cm}^2;$$

$$s = \tfrac{1}{3} \cdot \frac{2 \cdot 2{,}82\,\text{kg/cm}^2 + 2{,}45\,\text{kg/cm}^2}{2{,}82\,\text{kg/cm}^2 + 2{,}45\,\text{kg/cm}^2} = 5{,}1\,\text{cm};$$

$$a_x' = \tfrac{2}{3} \cdot 0{,}333\,\text{m} + \frac{384\,\text{kg}}{1138\,\text{kg}} \cdot (0{,}199\,\text{m} - 0{,}051\,\text{m}) = 0{,}272\,\text{m};$$

$$\mathfrak{M}_{\max} = 1138\,\text{kg} \cdot (0{,}433\,\text{m} + 0{,}272\,\text{m}) = 802\,\text{mkg};$$

$$h = 18\,\text{cm};\quad b_1 = 16\,\text{cm};\quad a = a' = 1{,}6\,\text{cm};$$

$$F_e = F_e' = 3,83 \text{ cm}^2 \ (2 \times d = 12 \text{ mm} + 2 \times d = 10 \text{ mm});$$

$$x = \frac{15 \cdot 2 \cdot 3,83 \text{ cm}^2}{16 \text{ cm}} \cdot \left[\sqrt{1 + \frac{18 \text{ cm}}{7,18 \text{ cm}}} - 1 \right] = 6,28 \text{ cm};$$

$$\hat{\sigma}_b = \frac{80\,200 \text{ cm/kg}}{\frac{16 \text{ cm} \cdot 6,28 \text{ cm}}{2} \cdot (16,4 \text{ cm} - 2,09 \text{ cm}) + 15 \cdot 3,83 \text{ cm}^2 \cdot \frac{4,68 \text{ cm}}{6,28 \text{ cm}} \cdot 14,8 \text{ cm}} =$$

$$= 58,8 \text{ kg/cm}^2;$$

die Überschreitung der zulässigen Druckspannung im Beton (40 kg/cm²) ist bei sorgfältiger Herstellung der Pfosten im Mischungsverhältnis 1 : 3¹/₂ im vorliegenden Falle noch angängig, besonders wenn die Stützwand ohne baupolizeiliche Genehmigung ausgeführt werden darf;

$$\hat{\sigma}_e = \frac{58,8 \text{ kg/cm}^2 \cdot 15}{6,28 \text{ cm}} \cdot (16,4 \text{ cm} - 6,28 \text{ cm}) = 1417 \text{ kg/cm}^2;$$

auch die Überschreitung der zulässigen Zugspannung in den Rundeisen (1200 kg/cm²) kann noch gestattet werden, da bei einer Zugfestigkeit von 4200 kg/cm² immerhin noch eine 3-fache Sicherheit vorhanden ist; bei einem eventuellen Bruch eines Pfostens ist Gefahr für Menschenleben nicht zu befürchten.

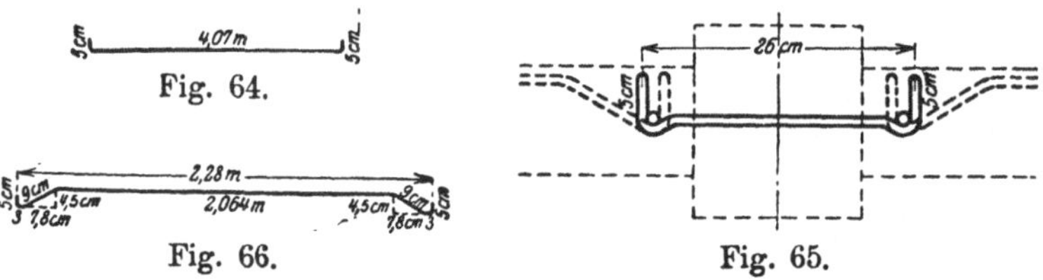

Fig. 64.

Fig. 66.   Fig. 65.

Eisenverzeichnis:

4 äußere Rundeisen d = 10 mm 4,17 m lang zu den Pfosten;

4 mittlere   „   d = 12 mm (ohne Haken) 1,50 m lg. zu den Pfosten; die letzteren Eisen beginnen 50 cm über dem unteren Pfostenende und endigen 50 cm über dem unteren Terrain.

5 horizontale Rundeisen d = 10 mm 38 cm lang in dem Pfosten zum Anhängen der Wandeisen;

2 vertikale Rundeisen d = 10 mm 1,08 m lang (ohne Haken) zur Verbindung der horizontalen Rundeisen des Pfostens zu beiden Seiten desselben;

10 horizontale Wandeisen d = 10 mm 2,38 m lang.

Beispiel 18: Stützmauer für einen Höhenunterschied von 5,00 m.

Auf der Stützmauer befindet sich eine geschlossene Eisenbetonwand von 1,50 m Höhe; Pfostenabstand für dieselbe = 3,00 m.

a) **Wand auf der Stützmauer:**

$$l = 3,00\,\text{m} - 0,20\,\text{m} = 2,80\,\text{m}; \quad {}^w\hat{p} = 75\,\text{kg/m};$$

$$\hat{\mathfrak{M}} = \tfrac{1}{8} \cdot 75\,\text{kg/m} \cdot (2,80\,\text{m})^2 = 73,5\,\text{mkg};$$

$$h - a = 0,411 \cdot \sqrt{73,5\,\text{mkg}} = 3,5\,\text{cm}; \quad h = 8\,\text{cm};$$

(Armierung in Mitte Wand, da der Winddruck sowohl von der einen als auch von der anderen Seite wirken kann).

$$F_e = 0,228 \cdot \sqrt{73,5\,\text{mkg}} = 1,96\,\text{cm}^2;$$

$$(7 \times d = 6\,\text{mm} \ \text{mit} \ 1,98\,\text{cm})^2.$$

b) **Pfosten hierzu:** Die Pfosteneisen werden mit den Eisen in der Stützmauer verbunden, und zwar sollen dieselben mindestens 1,00 m weit in die Stützmauer hineingreifen; es wird angenommen, daß sich der gefährliche Querschnitt 0,50 m unter dem oberen Terrain befindet, so daß der Hebelarm des auf den Pfosten wirkenden Winddruckmomentes $l = \tfrac{1}{2} \cdot 1,50\,\text{m} + 0,50\,\text{m} = 1,25\,\text{m}$ ist;

$$^w\hat{P} = 3,00\,\text{m} \cdot 1,50\,\text{m} \cdot 75\,\text{kg/m}^2 = 338\,\text{kg};$$

$$\hat{\mathfrak{M}}_{\text{max}} = 338\,\text{kg} \cdot 1,25\,\text{m} = 423\,\text{mkg};$$

$$h = 16\,\text{cm}; \quad b_1 = 14\,\text{cm}; \quad a = a' = 1,6\,\text{cm};$$

$$F_e = F_e' = 3,39\,\text{cm}^2 \, (3 \times d = 12\,\text{mm});$$

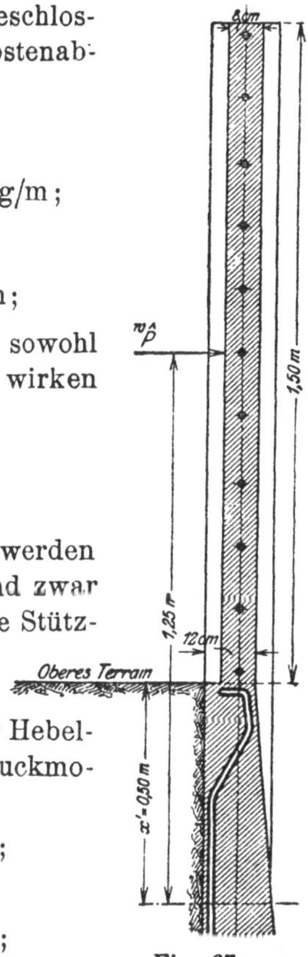

$$x = \frac{\overset{7,25}{2 \cdot 15 \cdot 3,39\,\text{cm}^2}}{14\,\text{cm}} \cdot \left[\sqrt{1 + \frac{16\,\text{cm}}{7,25\,\text{cm}}} - 1 \right] = 5,73\,\text{cm};$$

Fig. 67.

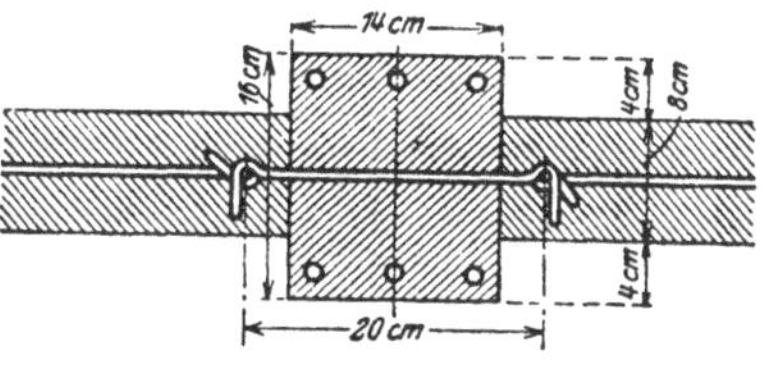

Fig. 68.

$$\hat{\sigma}_b =$$

$$\frac{42\,300\,\text{cm/kg}}{\dfrac{14\,\text{cm} \cdot 5,73\,\text{cm}}{2} \cdot (14,4\,\text{cm} - 1,91\,\text{cm}) + 15 \cdot 3,39\,\text{cm}^2 \cdot \dfrac{4,13\,\text{cm}}{5,73\,\text{cm}} \cdot 12,8\,\text{cm}}$$

$$= 42,7\,\text{kg/cm}^2;$$

diese geringe Überschreitung der zulässigen Betondruckspannung (40 kg/cm²) ist bei der sorgfältigen Herstellung der Pfosten im Mischungsverhältnis $1 : 3\,^1/_2$ gestattet.

$$\hat{\sigma}_e = \frac{42{,}7 \text{ kg/cm}^2 \cdot 15}{5{,}73 \text{ cm}} \cdot (14{,}4 \text{ cm} - 5{,}73 \text{ cm}) = 971 \text{ kg/cm}^2;$$

$$\hat{\sigma}_e{}' = \frac{42{,}7 \text{ kg/cm}^2 \cdot 15}{5{,}73 \text{ cm}} \cdot (5{,}73 \text{ cm} - 1{,}60 \text{ cm}) = 463 \text{ kg/cm}^2.$$

c) Stützmauer: Die Grundplatte der Stützmauer darf nicht in das höher gelegene Nachbarterrain hineinreichen.

I. Horizontalkräfte: Winddruck auf die Wand über dem Terrain pro laufenden Meter:

$$^{\mathrm{w}}\hat{\mathrm{P}} = 1{,}50 \text{ m} \cdot 1{,}00 \text{ m} \cdot 75 \text{ kg/m}^2 = 113 \text{ kg};$$

der tätige Erddruck auf die hintere Fläche der Stützmauer durch das hinter der Stützmauer befindliche Erdreich, unter Vernachlässigung des Reibungswinkels, beträgt:

$$\hat{\mathrm{E}}_1 = \tfrac{1}{2} \cdot \hat{\gamma} \cdot \mathrm{h}^2 \cdot \mathrm{tg}^2\!\left(45^0 - \frac{\varrho}{2}\right) \cdot \mathrm{b};$$

für $\varrho = 32^1/_2{}^0$ ist $\mathrm{tg}^2\!\left(45^0 - \dfrac{\varrho}{2}\right) = 0{,}300$ und

$$\hat{\mathrm{E}}_1 = \tfrac{1}{2} \cdot 1600 \text{ kg/m}^3 \cdot 5{,}00 \text{ m}^2 \cdot 1{,}00 \text{ m} \cdot 0{,}300 = 6000 \text{ kg};$$

diese Horizontalkraft wirkt in einer Höhe über dem unteren Terrain $a_1 = \tfrac{1}{3} \cdot \mathrm{h} = 1{,}67 \text{ m}$; eine Nutzlast von $\hat{\pi} = 500 \text{ kg/m}^2$ auf dem oberen Terrain erzeugt ferner einen Erddruck auf die hintere Fläche der Stützmauer von

$$\hat{\mathrm{E}}_2 = \hat{\pi} \cdot \mathrm{h} \cdot \mathrm{b} \cdot \mathrm{tg}^2\!\left(45^0 - \frac{\varrho}{2}\right) = 500 \text{ kg/m}^2 \cdot 5{,}00 \text{ m} \cdot 1{,}00 \text{ m} \cdot 0{,}300 = 750 \text{ kg};$$

der Angriffspunkt dieser Horizontalkraft liegt $a_2 = \tfrac{1}{2} \cdot \mathrm{h} = 2{,}50 \text{ m}$ über dem unteren Terrain; Mittelkraft aus $\hat{\mathrm{E}}_1$ und $\hat{\mathrm{E}}_2$:

$$\hat{\mathrm{E}} = 6000 + 750 = 6750 \text{ kg};$$

Höhe des Angriffspunktes dieser Horizontalkraft über dem unteren Terrain:

$$a_e = 1{,}67 \text{ m} + \frac{7 \cdot 0 \text{ kg}}{6750 \text{ kg}} \cdot 0{,}83 \text{ m} = 1{,}762;$$

Mittelkraft aus sämtlichen 3 Horizontalkräften:

$$\mathrm{H} = 6750 + 113 = 6863 \text{ kg};$$

Höhe des Angriffspunktes dieser Mittelkraft über dem unteren Terrain:

$$a_h = 1{,}762 \text{ m} + \frac{113 \text{ kg}}{6863 \text{ kg}} \cdot 3{,}988 \text{ m} = 1{,}828 \text{ m};$$

8 cm
14 cm
16 cm
3,00 m
1,50 m
P
G_2
4 cm
75 cm
Oberes Terrain
12 cm
E_2
5,00 m
E
A
E_1
G_4
G_{1-3}
G_3
ϱ=32 1/2°
Unteres Terrain
G_{1-4}
54,3 cm
54,2 cm
62 cm
G_5
1,00 m
57,5 cm
G_{1-5}
G_4
3,50 m
γ_max
β

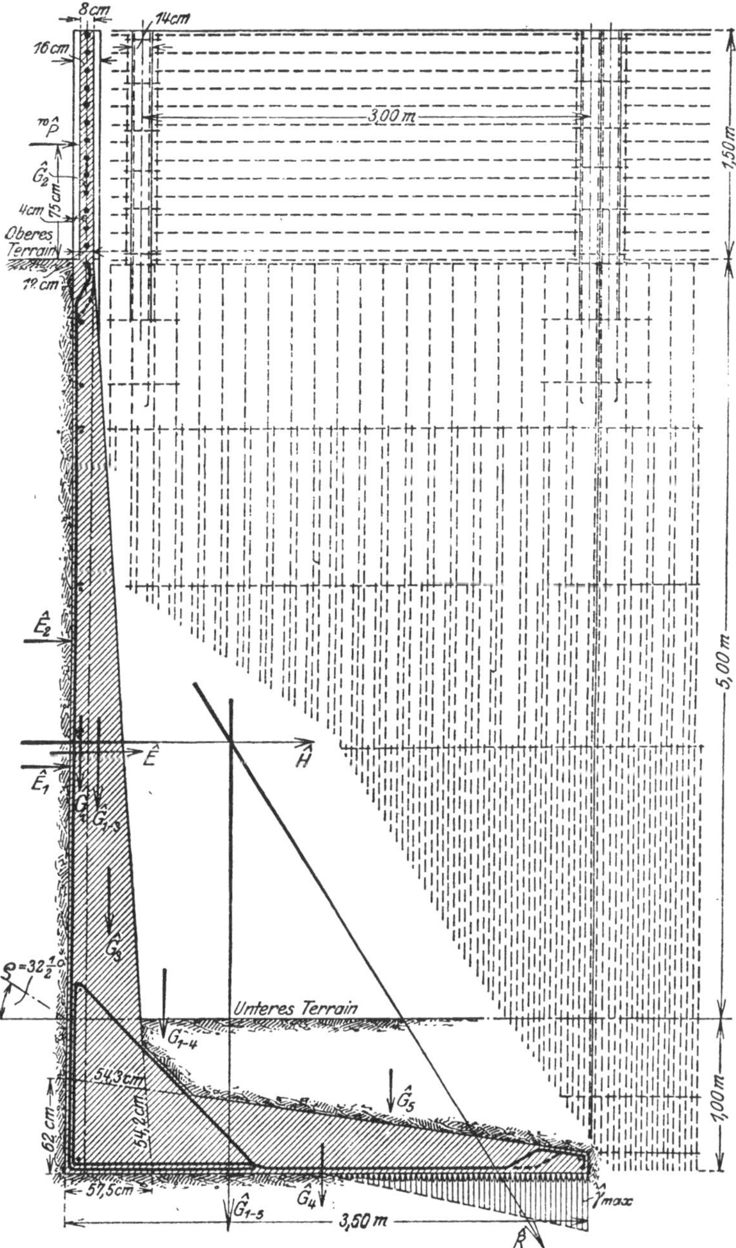

Fig. 69.

Maximalbelastungsmoment für das untere Eck der Stützwand:

$$\mathfrak{M} = 6863\,\text{kg} \cdot (1{,}828\,\text{m} + 0{,}458\,\text{m} + 0{,}016\,\text{m}) = 15\,800\,\text{mkg};$$

$$h - a = 0{,}411 \cdot \sqrt{\frac{1\,580\,000\;\text{cmkg}}{100\;\text{cm}}} = 52{,}0\,\text{cm}; \quad h = 54{,}2\,\text{cm};$$

$$F_e = 0{,}00\,228 \cdot \sqrt{1\,580\,000\;\text{cmkg} \cdot 100\;\text{cm}} = 28{,}8\,\text{cm}^2;$$

$$26 \times d = 12\,\text{mm}\;\;\text{mit}\;\;29{,}4\,\text{cm}^2.$$

II. Vertikalkräfte: Eigengewicht des rechteckigen Teiles von dem vertikalen Schenkel der Stützmauer zwischen dem oberen Terrain und der Grundfläche:

$$\hat{G}_1 = 0{,}12\,\text{m} \cdot 6{,}00\,\text{m} \cdot 1{.}00\,\text{m} \cdot 2400\,\text{kg/m}^3 = 1728\,\text{kg};$$

Abstand des Angriffspunktes dieser Kraft von der hinteren Fläche der Stützmauer:

$$g_1 = \tfrac{1}{2} \cdot 0{,}12\,\text{m} = 0{,}060\,\text{m};$$

Eigengewicht der Wand über dem oberen Terrain:

$$\hat{G}_2 = 0{,}08\,\text{m} \cdot 1{,}50\,\text{m} \cdot 1{,}00\,\text{m} \cdot 2400\,\text{kg/m}^3 = 288\,\text{kg};$$

Abstand des Angriffspunktes dieser Kraft von der hinteren Fläche der Stützmauer:

$$g_2 = 0{,}040\,\text{m} + \tfrac{1}{2} \cdot 0{,}080\,\text{m} = 0{,}080\,\text{m};$$

Mittelkraft aus $\hat{G}_1$ und $\hat{G}_2$;

$$\hat{G}_{1-2} = 1728 + 288 = 2016\,\text{kg};$$

$$g_{1-2} = 0{,}60\,\text{m} + \frac{288\,\text{kg}}{2016\,\text{kg}} \cdot 0{,}020\,\text{m} = 0{,}063\,\text{m};$$

Eigengewicht des dreieckigen Teiles von dem vertikalen Schenkel der Stützmauer zwischen dem oberen Terrain und der Grundfläche:

$$\hat{G}_3 = \tfrac{1}{2} \cdot 0{,}455\,\text{m} \cdot 6{,}00\,\text{m} \cdot 1{,}00\,\text{m} \cdot 2400\,\text{kg/m}^3 = 3276\,\text{kg};$$

$$g_3 = 0{,}120 + \tfrac{1}{3} \cdot 0{,}455\,\text{m} = 0{,}272\,\text{m};$$

Mittelkraft aus G_{1-2} und G_3;

$$\hat{G}_{1-3} = 2016 + 3276 = 5292\,\text{kg};$$

$$g_{1-3} = 0{,}063\,\text{m} + \frac{3276\,\text{kg}}{5292\,\text{kg}} \cdot 0{,}199\,\text{m} = 0{,}186\,\text{m};$$

Das Eigengewicht des horizontalen Schenkels der Stützmauer ist angenährt:

$$\hat{G}_4 = \frac{0{,}542\,\text{m} + 0{,}120\,\text{m}}{2} \cdot 2{,}94\,\text{m} \cdot 1{,}00\,\text{m} \cdot 2400\,\text{kg/m}^3 = 2335\,\text{kg};$$

$$g_4 = 0{,}559\,\text{m} + \frac{2{,}941\,\text{m}}{3} \cdot \frac{2 \cdot 0{,}12\,\text{m} + 0{,}542\,\text{m}}{0{,}12\,\text{m} + 0{,}542\,\text{m}} = 1{,}717\,\text{m};$$

Mittelkraft aus $\hat{G}_{1-3}$ und $\hat{G}_4$:

$$\hat{G}_{1-4} = 5292\,\text{kg} + 2335\,\text{kg} = 7627\,\text{kg};$$

$$g_{1-4} = 0,186\,\text{m} + \frac{2335\,\text{kg}}{7667\,\text{kg}} \cdot 1,531\,\text{m} = 0,655\,\text{m};$$

Das Gewicht des auf dem horizontalen Schenkel der Stützmauer ruhenden Erdreiches beträgt:

$$\hat{G}_5 = \frac{3,001\,\text{m} + 2,944\,\text{m}}{2} \cdot 0,669\,\text{m} \cdot 1,00\,\text{m} \cdot 1600\,\text{kg/m}^3 = 3182\,\text{kg};$$

$$g_5 = 0,521\,\text{m} + \frac{2,979\,\text{m}}{3} \cdot \frac{0,458\,\text{m} + 2 \cdot 0,880\,\text{m}}{0,458\,\text{m} + 0,880\,\text{m}} = 2,167\,\text{m};$$

Mittelkraft aus sämtlichen vertikalen Kräften:

$$\hat{G}_{1-5} = 7627 + 3182 = 10\,809\,\text{kg};$$

Abstand des Angriffspunktes derselben von der hinteren Fläche der Stützmauer:

$$g_{1-5} = 0,655\,\text{m} + \frac{3182\,\text{kg}}{10\,809\,\text{kg}} \cdot 1,512\,\text{m} = 1,100\,\text{m};$$

die Resultante aus $\hat{H}$ und $\hat{G}_{1-5}$, also aus sämtlichen auf die Stützmauer wirkenden Kräften trifft die Grundfläche derselben in einem Abstand von der Innenkante derselben:

$$= 3,50\,\text{m} - 1,100\,\text{m} - \frac{6863\,\text{kg}}{10\,809\,\text{kg}} \cdot 2,828\,\text{m} = 0,604\,\text{m};$$

der Austritt der Resultante aus der Stützmauer erfolgt innerhalb der Grundfläche; infolgedessen ist die Stützmauer standsicher; der größte spezifische Flächendruck der Grundfläche auf das Erdreich (Kantenpressung an der Innenkante) beträgt:

$$\hat{\gamma}_{\text{max}} = \frac{2 \cdot 10\,809\,\text{kg}}{3 \cdot 60,4\,\text{cm} \cdot 100\,\text{cm}} = 1,20\,\text{kg/cm}^2.$$

In Abständen von etwa 20 Meter werden Dehnungsfugen angeordnet; dies geschieht am einfachsten durch Einlegen eines Dachpappestreifens beim Betonieren; die Verteilungseisen sind hier zu unterbrechen; sie enden auf beiden Seiten der Dehnungsfuge in einem Abstand = 1—2 cm von derselben.

Eisenverzeichnis für 1 Feld von 3,00 m Baulänge.

1) $7 \times 1,5\,\text{m} = 11$ horizontale Rundeisen d = 6 mm 2,98 m lang in der Wand über dem oberen Terrain;

2) 2 Stück d = 8 mm 1,46 m lange vertikale Rundeisen an den Pfosten, zum Anhängen der horizontalen Wandeisen (ohne Haken);

3) 2 Stück d = 12 mm 2,62 m lange, äußere vertikale Rundeisen in den Pfosten auf der Seite an dem oberen Terrain;

3) 1 Stück d = 12 mm 1,87 m lang, mittleres vertikales Rundeisen daselbst;
4) 2 Stück d = 12 mm 2,64 m lange, äußere vertikale Rundeisen in den
   Pfosten, innere Seite;

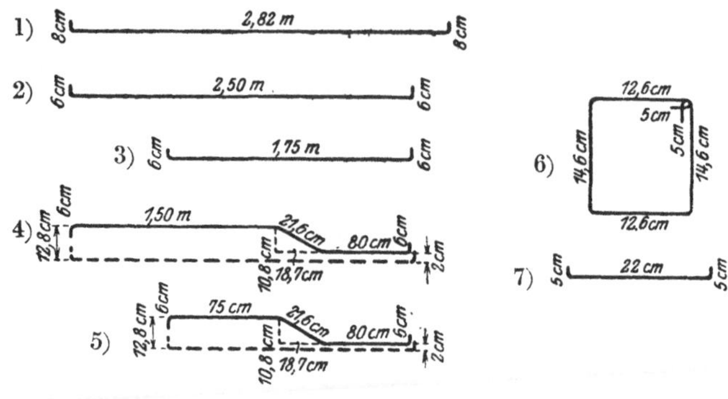

Fig. 70.

5) 1 Stück d = 12 mm 1,89 m langes, mittleres vertikales Rundeisen in
   den Pfosten, innere Seite; das Eisen beginnt in gleicher Höhe
   von unten, wie die äußeren Pfosteneisen und endigt 75 cm über
   dem oberen Terrain;

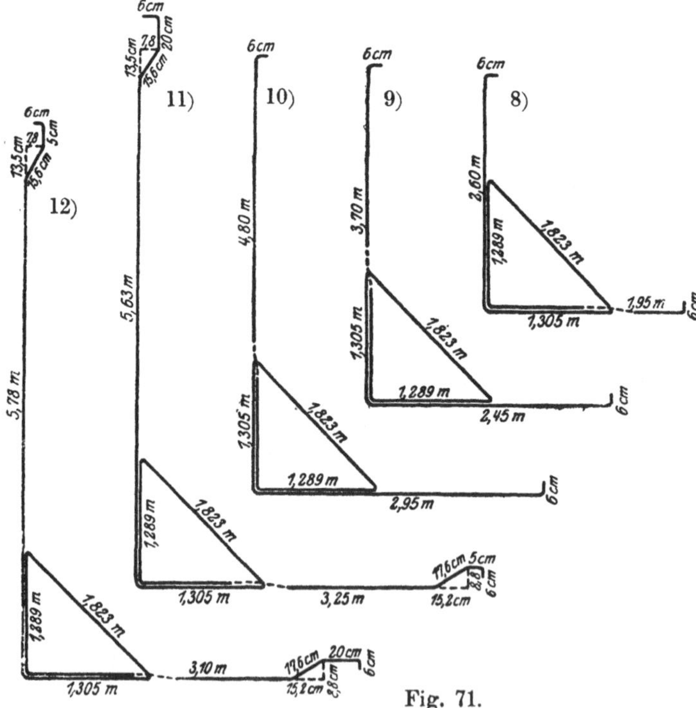

Fig. 71.

6) 4 Bügel d = 6 mm 0,65 m lang für die Pfosten;

7) 6 Stück d = 8 mm 0,32 m lange horizontale Eisen in den Pfosten;

2 Stück d = 8 mm 0,50 m lange horizontale Verbindungseisen zwischen Stützmauer und Pfosten (ohne Haken);

8) 10 Stück d = 12 mm 9,09 m lang;

9) 9 Stück d = 12 mm 10,67 m lang;

10) 9 Stück d = 12 mm 12,29 m lang;

11) 10 Stück d = 12 mm 14,00 m lang;

12) 10 Stück d = 12 mm 14,00 m lang;

11 Verteilungseisen d = 8 mm 3,00 m lang in der Stützmauer, horizontal (ohne Haken).

Beispiel 19: Stützmauer für einen Höhenunterschied von 5,00 m. Die Stützmauer in dem Beispiel 18 soll so ausgeführt werden, daß der horizontale Schenkel derselben unter das obere Terrain zu liegen kommt.

Geschlossene Eisenbetonwand zwischen Pfosten, wie im Beispiel 18:

I. Horizontalkräfte auf den oberen in Eisenbeton ausgeführten Teil der Stützmauer. Der tätige Erddruck auf die hintere Fläche der Stützmauer durch das hinter derselben befindliche Erdreich, unter Vernachlässigung des Reibungswinkels, beträgt:

$$\hat{E}_1 = \tfrac{1}{2} \cdot 1600 \text{ kg/m}^3 \cdot (3{,}672 \text{ m})^2 \cdot 1{,}00 \text{ m} \cdot 0{,}300 = 3233 \text{ kg};$$

der Angriffspunkt dieser Horizontalkraft liegt $a_1 = \tfrac{1}{3} \cdot h = 1{,}224$ m über dem horizontalen Schenkel der Eisenbetonstützwand (s. Fig).; eine Nutzlast von 500 kg/m² auf dem oberen Terrain erzeugt ferner einen Erddruck auf die hintere Fläche der Stützmauer:

$$\hat{E}_2 = 500 \text{ kg/m}^2 \cdot 3{,}672 \text{ m} \cdot 100 \text{ m} \cdot 0{,}300 = 551 \text{ kg};$$

der Angriffspunkt dieser Horizontalkraft liegt $a_2 = \tfrac{1}{2} \cdot h = 1{,}836$ m über dem horizontalen Schenkel der Stützwand.

Mitttelkraft aus $\hat{E}_1$ und $\hat{E}_2$:

$\hat{E} = 3233 + 551 = 3784$ kg; Höhe des Angriffspunktes dieser Kraft über dem horizontalen Schenkel der Stützwand:

$$a_e = 1{,}224 \text{ m} + \frac{551 \text{ kg}}{3784 \text{ kg}} \cdot 0{,}612 \text{ m} = 1{,}313 \text{ m};$$

Winddruck auf die Wand über dem oberen Terrain:

$${}^w\hat{P} = 1{,}50 \text{ m} \cdot 1{,}00 \text{ m} \cdot 75 \text{ kg/m}^2 = 113 \text{ kg};$$

$${}^wa = 3{,}672 \text{ m} + \tfrac{1}{2} \cdot 1{,}50 \text{ m} = 4{,}422 \text{ m};$$

Mittelkraft aus sämtlichen 3 Horizontalkräften:

$$\hat{H} = 3784 + 113 = 3897 \text{ kg};$$

8 cm
1,50 m
8 cm
4 cm
12 cm
75 cm
$\hat{P}$
$\hat{G}_2$
Oberes Terrain
$\hat{A}$
$\hat{B}$
O
$\hat{R}$
5,579 m
6,4 cm
G_{1-2}
$\hat{E}_2$
6 cm
1,363 m
$\hat{G}_4$
$\hat{A}$ $\hat{G}_1$
0,602 m
E
11,9 cm
$\hat{E}_1$
G_{1-3}
$\hat{G}_{1-4}$
19,3 cm
$\hat{G}$
1,196 m
1,224 m
1,732 m
50 cm
$\varphi = 32\frac{1}{2}°$
4,00 m
33,2 cm
22,9 cm
0,50 m
36 cm
12 cm
34
56,2 cm
80,4 cm
$\hat{A}$
B
83,4 cm
33,4 cm
1,166 m
63 cm
$\hat{R}$
54,9 cm
23,1 cm
$\hat{G}_5$
58,5 cm
60
50 cm
1,00 m
Unteres Terrain
$\hat{G}_7$
1,008 m
80 cm
70 cm
13,5 cm
$\hat{G}_{6-7}$
$\hat{A}$
$\hat{G}_6$
V
85 cm
$\hat{R}_1$

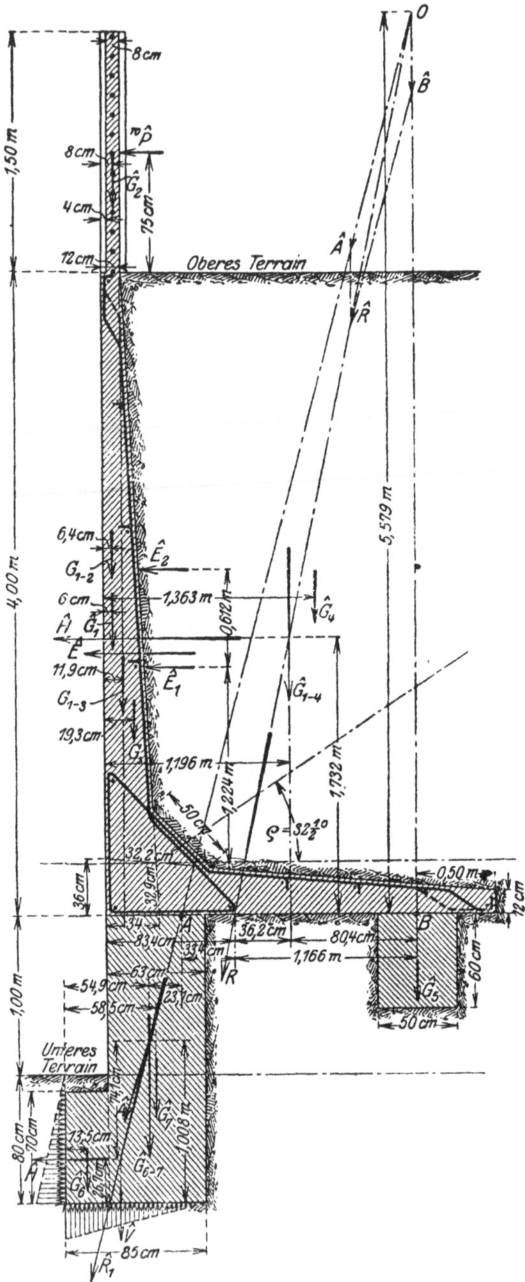

Fig. 72.

Höhe des Angriffspunktes dieser Mittelkraft über dem horizontalen Schenkel der Stützwand:

$$a_h = 1{,}313\,\text{m} + \frac{113\,\text{kg}}{3897\,\text{kg}} \cdot 3{,}109\,\text{m} = 1{,}403\,\text{m}\,;$$

Das Maximalbelastungsmoment für das untere Eck der Eisenbetonstützwand beträgt:

$$\mathfrak{M} = 3897\,\text{kg} \cdot (1{,}403\,\text{m} + 0{,}017\,\text{m}) = 5534\,\text{mkg}\,;$$

$$h - a = 0{,}411 \cdot \sqrt{\frac{553\,400\ \text{cmkg}}{100\ \text{cm}}} = 30{,}6\,\text{cm}\,;\quad h = 32{,}2\,\text{cm}\,;$$

$$F_e = 0{,}00\,228 \cdot \sqrt{553\,400\ \text{cmkg} \cdot 100\ \text{cm}} = 17{,}0\,\text{cm}^2\,;$$

$$15 \times d = 12\,\text{mm}\ \text{mit}\ 17{,}0\,\text{cm}^2,$$

II. **Vertikalkräfte:** Das Eigengewicht von dem rechteckigen Teil des vertikalen Schenkels der Eisenbetonstützwand zwischen dem oberen Terrain und der Grundfläche der Wand beträgt:

$$\hat{G}_1 = 0{,}12\,\text{m} \cdot 4{,}00\,\text{m} \cdot 1{,}00\,\text{m} \cdot 2400\,\text{kg/m}^3 = 1152\,\text{kg}\,;$$

Abstand von der äußeren vertikalen Fläche der Stützwand:

$$g_1 = \tfrac{1}{2} \cdot 0{,}11\,\text{m} = 0{,}060\,\text{m}\,;$$

Eigengewicht der Wand über dem oberen Terrain:

$$\hat{G}_2 = 0{,}08\,\text{m} \cdot 1{,}50\,\text{m} \cdot 1{,}00\,\text{m} \cdot 2400\,\text{kg/m}^3 = 288\,\text{kg}\,;$$

Abstand des Angriffspunktes dieser Kraft von der äußeren vertikalen Fläche der Stützwand: $g_2 = 0{,}040\,\text{m} + \tfrac{1}{2} \cdot 0{,}080\,\text{m} = 0{,}080\,\text{m}\,;$

Mittelkraft aus $\hat{G}_1$ und $\hat{G}_2$:

$$\hat{G}_{1-2} = 1152 + 288 = 1440\,\text{kg}\,;$$

$$g_{1-2} = 0{,}060\,\text{m} + \frac{288\,\text{kg}}{1440\,\text{kg}} \cdot 0{,}020\,\text{m} = 0{,}064\,\text{m}\,;$$

Eigengewicht des dreieckigen Teiles von dem vertikalen Schenkel der Stützmauer zwischen dem oberen Terrain und der Grundfläche:

$$\hat{G}_3 = \tfrac{1}{2} \cdot 0.220\,\text{m} \cdot 4{,}00\,\text{m} \cdot 1{,}00\,\text{m} \cdot 2400\,\text{kg/m}^3 = 1056\,\text{kg}\,;$$

$$g_3 = 0{,}120\,\text{m} + \tfrac{1}{3} \cdot 0{,}220\,\text{m} = 0{,}193\,\text{m}\,;$$

Mittelkraft aus $\hat{G}_{1-2}$ und $\hat{G}_3$:

$$\hat{G}_{1-3} = 1440 + 1056 = 2496\,\text{kg}\,;$$

$$g_{1-3} = 0{,}064\,\text{m} + \frac{1056\,\text{kg}}{2496\,\text{kg}} \cdot 0{,}129\,\text{m} = 0{,}119\,\text{m}\,;$$

Das Eigengewicht des horizontalen Schenkels der Eisenbetonstützwand mit dem darauf ruhenden Erdreich, einschl. Nutzlast auf dem oberen Terrain, beträgt:

$$\hat{G}_4 = \frac{0{,}329\,\text{m}+0{,}120\,\text{m}}{2} \cdot 2{,}18\,\text{m} \cdot 1{,}00\,\text{m} \cdot 2400\,\text{kg/m}^3 + 3{,}775\,\text{m}\cdot 2{,}279\,\text{m}\cdot$$

$$1{,}00\,\text{m} \cdot 1600\,\text{kg/m}^3 + 2{,}38\,\text{m} \cdot 1{,}00\,\text{m} \cdot 500\,\text{kg/m}^2 = 16\,130\,\text{kg};$$

$$g_4 = 0{,}225\,\text{m} + \tfrac{1}{2}\cdot 2{,}275\,\text{m} = 1{,}363\,\text{m};$$

Mittelkraft aus sämtlichen 4 Vertikalkräften:

$$\hat{G}_{1-4} = 2496 + 16\,130 = 18\,626\,\text{kg};$$

Abstand dieser Kraft von der äußeren Fläche der Stützwand:

$$g_{1-4} = 0{,}119\,\text{m} + \frac{16\,130\,\text{kg}}{18\,626\,\text{kg}} \cdot 1{,}244\,\text{m} = 1{,}196\,\text{m}.$$

3. Mittelkraft aus sämtlichen Kräften:

Vereinigt man $\hat{H}$ und $\hat{G}_{1-4}$ zu einer Mittelkraft $\hat{R}$, so trifft dieselbe die Grundfläche der Eisenbetonstützwand in einem Abstand von der Außenkante derselben:

$$= 1{,}196\,\text{m} - \frac{3897\,\text{kg}}{18\,626\,\text{kg}} \cdot (1{,}403\,\text{m} + 0{,}329\,\text{m}) = 0{,}834\,\text{m}.$$

Damit bei der Stützmauer möglichst an Material gespart wird, wird der Teil in Eisenbeton nur 4,00 m hoch ausgeführt und derselbe auf 2 durchlaufende Betonfundamente gestellt. Das hintere Fundament wird 50 cm breit und 60 cm hoch ausgeführt; der Abstand der Mittellinie dieses Fundamentes von der hinteren Kante des horizontalen Schenkels der Stützmauer beträgt 0,50 m. Die Grundfläche des vorderen Fundamentes wird 0,80 m unter das untere Terrain (frostsicher) geführt, die ganze Höhe des Fundamentes beträgt daher 0,80 m + 1,00 m = 1,80 m; die obere Breite wird zu 0,63 m, die untere Breite zu 0,85 m angenommen.

Die Mittelkraft $\hat{R}$ ist in 2 Auflagerreaktionen zu zerlegen, welche von den beiden Fundamenten aufzunehmen sind; das hintere Fundament ist nur imstande eine Vertikalbelastung aufzunehmen, das Auflager B ist daher als beweglich zu betrachten. Das Auflager A des vorderen Fundamentes wird in einem Abstand = 13 cm von der hinteren Fläche desselben angenommen. Der Auflagerdruck $\hat{A}$ wirkt in der Richtung AO; O ist der Schnittpunkt von $\hat{R}$ und $\hat{B}$; derselbe liegt in einem Abstand

$$= \frac{1{,}732\,\text{m}}{0{,}362\,\text{m}} \cdot 1{,}166\,\text{m} = 5{,}579\,\text{m}$$

über der Grundfläche der E.B.-Stützmauer.

Die Horizontalkomponente von $\hat{A}$ ist $\hat{H} = 3897\,\text{kg}$; die Vertikalkomponente ist:

$$\frac{5{,}579\,\text{m}}{1{,}500\,\text{m}} \cdot 3897\,\text{kg} = 14\,494\,\text{kg};$$

daher ist $\qquad \hat{B} = 18\,626 - 14\,494 = 4132\,\text{kg}.$

Das Eigengewicht des hinteren Fundamentes beträgt:

$$\hat{G}_5 = 0,50\,\text{m} \cdot 0,60\,\text{m} \cdot 1,00\,\text{m} \cdot 2200\,\text{kg/m}^3 = 660\,\text{kg};$$

der spez. Flächendruck der Grundfläche des hinteren Fundamentes auf das Erdreich beträgt:

$$\hat{\gamma} = \frac{4132\,\text{kg} + 660\,\text{kg}}{50\,\text{cm} \cdot 100\,\text{cm}} = 0,1\,\text{kg/cm}^2.$$

Der vordere Teil von dem vorderen Fundament besitzt ein Eigengewicht:

$$\hat{G}_6 = 0,27\,\text{m} \cdot 0,70\,\text{m} \cdot 1,00\,\text{m} \cdot 2200\,\text{kg/m}^3 = 416\,\text{kg};$$

diese Vertikalkraft wirkt in einem Abstand $\frac{1}{2} \cdot 0,27\,\text{m} = 0,135\,\text{m}$ von der vorderen Fläche des Fundamentes; der hintere Teil von dem vorderen Fundament besitzt ein Eigengewicht:

$$\hat{G}_7 = 0,63\,\text{m} \cdot 1,80\,\text{m} \cdot 1,00\,\text{m} \cdot 2200\,\text{kg/m}^3 = 4792\,\text{kg};$$

diese Vertikalkraft wirkt in einem Abstand $0,27\,\text{m} + \frac{1}{2} \cdot 0,63\,\text{m}$ $= 0,585\,\text{m}$ von der vorderen Fläche des Fundamentes. Gesamtgewicht des vorderen Fundamentes: $\hat{G}_{6-7} = 416 + 4792 = 5208\,\text{kg}$; Abstand dieser Vertikalkraft von der vorderen Fläche des Fundamentes:

$$0,135\,\text{m} + \frac{4792\,\text{kg}}{5208\,\text{kg}} \cdot 0,450\,\text{m} = 0,549\,\text{m}.$$

Der Auflagerdruck $\hat{A}$ trifft die Vertikalkraft $\hat{G}_{6-7}$ in einem Abstand von $1800\,\text{m} - \dfrac{5,579\,\text{m}}{1,500\,\text{m}} \cdot 0,221\,\text{m} = 0,978\,\text{m}$ über der Grundfläche;

$\hat{A}$ wird mit $\hat{G}_{6-7}$ zu einer Resultante $\hat{R}_1$ vereinigt, deren Horizontalkomponent $\hat{H} = 3897\,\text{kg}$ und deren Vertikalkomponente $\hat{V}_1 = 14494\,\text{kg} + 5208\,\text{kg} = 19702\,\text{kg}$ ist.

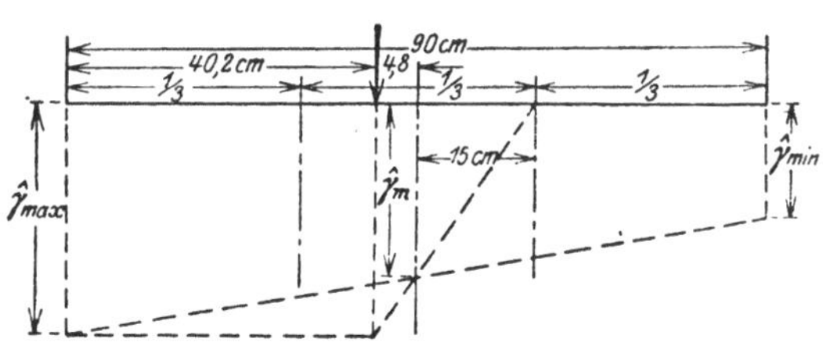

Fig. 73.

Die Resultante $\hat{R}_1$ trifft die in einem Abstand von $\frac{1}{3} \cdot 0,80\,\text{m}$ $= 0,267\,\text{m}$ über der Grundfläche gelegene Horizontalebene in einem Abstand von $0,507\,\text{m} - \dfrac{3897\,\text{kg}}{19702\,\text{kg}} \cdot 0,741\,\text{m} = 0,402\,\text{m}$ von der vorderen

Fläche des Fundamentes. Der mittlere spez. Flächendruck der Grundfläche des Fundamentes auf das Erdreich ist:

$$\hat{\gamma}_{\mathrm{m}} = \frac{19\,702\,\mathrm{kg}}{90\,\mathrm{cm} \cdot 100\,\mathrm{cm}} = 2{,}19\,\mathrm{kg/cm^2};$$

der größte spez. Flächendruck ergibt sich aus der nebenstehenden Figur zu:
$$\hat{\gamma}_{\mathrm{max}}{}' = \frac{19{,}8\,\mathrm{cm}}{15{,}0\,\mathrm{cm}} \cdot 2{,}19\,\mathrm{kg/cm^2} = 2{,}90\,\mathrm{kg/cm^2}.$$

Der größte spez. Flächendruck der vorderen (vertikalen) Fläche des Fundamentes auf das Erdreich ist:

$$\hat{\gamma}_{\mathrm{max}}{}'' = \frac{2 \cdot 3897\,\mathrm{kg}}{80{,}0\,\mathrm{cm} \cdot 100\,\mathrm{cm}} = 0{,}97\,\mathrm{kg/cm^2}.$$

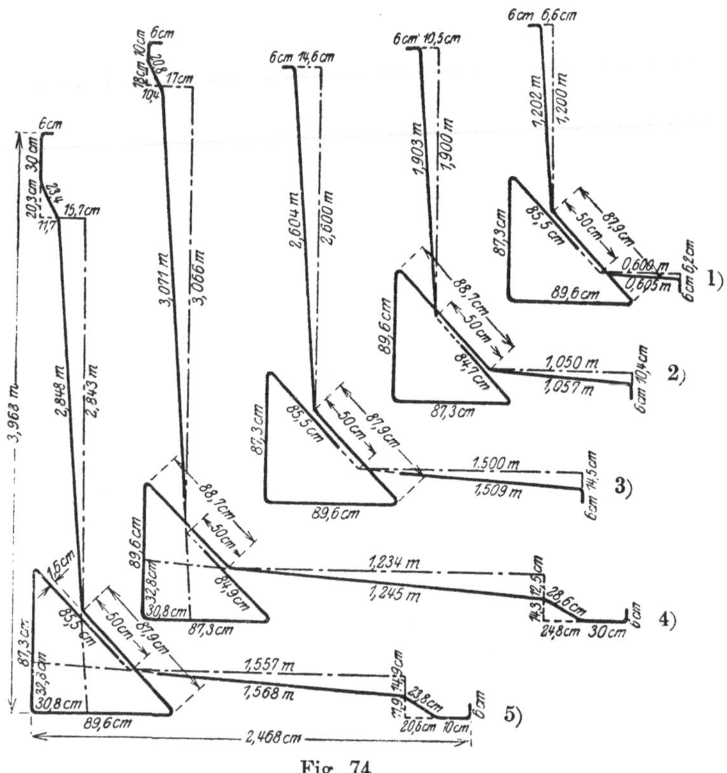

Fig. 74.

Eisenverzeichnis für 1 Feld von 3,00 m Baulänge.

11 Verteilungseisen d = 8 mm 3,00 m lang (ohne Haken);
1) 11 Stück d = 12 mm 5,423 m lang;
2) 11 Stück d = 12 mm 6,583 m lang;
3) 11 Stück d = 12 mm 7,736 m lang;
4) 6 Stück d = 12 mm 8,833 m lang;
5) 6 Stück d = 12 mm 8,914 m lang.

Die Rundeisen für die Wand über dem oberen Terrain sind dieselben wie in dem Beispiel 18.

Anordnung der Dehnungsfugen wie in dem Beispiel 18.

Beispiel 20: Die in dem Beispiel 7 für den Kellerraum erforderliche Umfassungsstützwand an der Straße soll berechnet werden.

Die Kellersohle liegt 2,80 m unter der Straßenoberfläche; die Stützwand erhält ein 0,50 m breites und 0,80 m tiefes Fundament; die Stützweite ergibt sich zu $l = 2,80\,\text{m} + \frac{2}{3} \cdot 0,80\,\text{m} - 0,08\,\text{m} = 3,25\,\text{m}$;

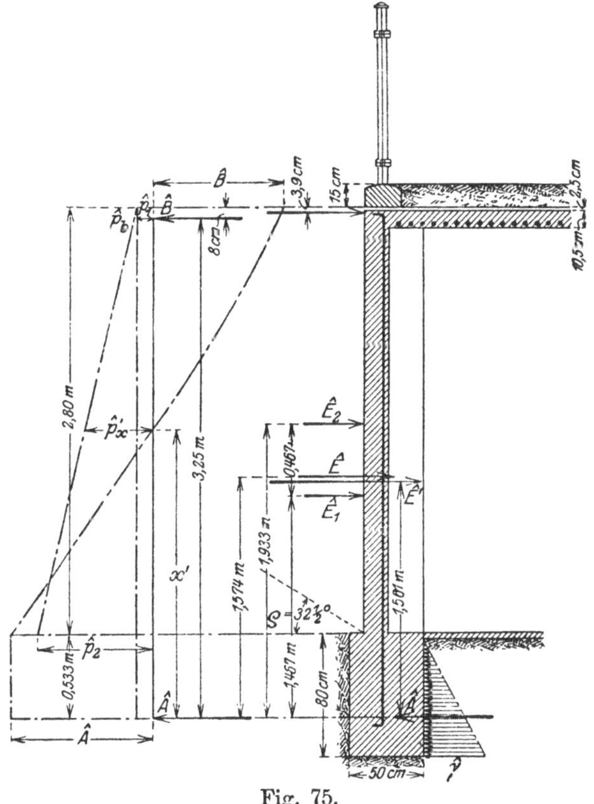

Fig. 75.

der tätige Erddruck auf die hintere Fläche der Stützwand beträgt unter Vernachlässigung des Reibungswinkels:

$$\hat{E}_1 = \tfrac{1}{2} \cdot \hat{\gamma} \cdot \text{h}^2 \cdot \text{b} \cdot \text{tg}^2\left(45^0 - \frac{\varrho}{2}\right);$$

für einen Böschungswinkel $\varrho = 32\,{}^1/_2{}^0$ wird $\text{tg}^2\left(45^0 - \dfrac{\varrho}{2}\right) = 0{,}300$, daher für 1 lfd. Meter Länge der Wand:

$$\hat{E}_1 = \tfrac{1}{2} \cdot 1600\,\text{kg/m}^2 \cdot 2,80\,\text{m} \cdot 1,00\,\text{m} \cdot 0,300 = 1882\,\text{kg};$$

der Angriffspunkt dieser Horizontalkraft liegt in einer Höhe
$$= \tfrac{2}{3} \cdot 0{,}80\,\text{m} + \tfrac{1}{3} \cdot 2{,}80\,\text{m} = 1{,}467\,\text{m}$$
über dem Auflager A; die Nutzlast der Straße kommt auf eine Breite
von $\dfrac{2{,}80\,\text{m}}{\text{tg}\;32\,{}^1/_2{}^0} = 4{,}40\,\text{m}$ in Betracht; für die Trottoirbreite von 3,75 m
beträgt diese Nutzlast: 500 kg/m², für die anschließende Straße von
4,40 m — 3,75 m = 0,65 m ist dieselbe mit Rücksicht auf eine die

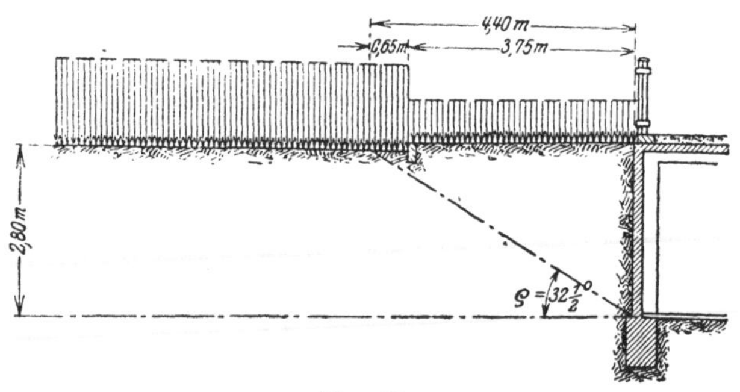

Fig. 76.

Straße befahrende Dampfstraßenwalze zu 1600 kg/m² anzunehmen;
im Durchschnitt beträgt daher die der Berechnung zugrunde zu
legende Nutzlast:
$$\hat{\pi} = \frac{500\,\text{kg/m}^2 \cdot 3{,}75\,\text{m} + 1600\,\text{kg/m}^2 \cdot 0{,}65\,\text{m}}{4{,}40\,\text{m}} = 663\,\text{kg/m}^2\,;$$

der tätige Erddruck für diese Nutzlast beträgt:
$$\hat{E}_2 = \hat{\pi} \cdot h \cdot b \cdot \text{tg}^2\left(45^0 - \frac{\varrho}{2}\right) = 663\,\text{kg/m} \cdot 2{,}80\,\text{m} \cdot 1{,}00\,\text{m} \cdot 0{,}300 = 557\,\text{kg}\,;$$

der Angriffspunkt dieser Horizontalkraft liegt in einer Höhe
$$= \tfrac{2}{3} \cdot 0{,}80\,\text{m} + \tfrac{1}{2} \cdot 2{,}80\,\text{m} = 1{,}933\,\text{m}$$
über dem Auflager A; der gesamte Erddruck auf die Stützwand
beträgt: $\hat{E} = 1882 + 557 = 2439\,\text{kg}$; derselbe wirkt in einer Höhe
über dem Auflager A:
$$= 1{,}467\,\text{m} + \frac{557\,\text{kg}}{2439\,\text{kg}} \cdot 0{,}467\,\text{m} = 1{,}574\,\text{m}\,;$$

Der gleichmäßig verteilte Flächendruck des Erdreiches auf die
Stützwand auf das oberste Ende der Stützwand in Höhe der Straßen-
oberfläche beträgt: $\hat{p}_1 = \dfrac{557\,\text{kg/m}}{2{,}80\,\text{m}} = 199\,\text{kg/m}^2\,;$

desgl. unten, in Höhe der Kellersohle:
$$\hat{p}_2 = \frac{557\,\text{kg/m}}{2{,}80\,\text{m}} + \frac{2 \cdot 1882\,\text{kg/m}}{2{,}80\,\text{m}} = 1543\,\text{kg/m}^2\,;$$

desgl. in Höhe des oberen Auflagers:

$$\hat{p}_b = \frac{557 \text{ kg/m}}{2,80 \text{ m}} + \frac{0,08 \text{ m}}{2,80 \text{ m}} \cdot 1344 \text{ kg/m}^2 = 237 \text{ kg/m}^2 \, ;$$

der gesamte Erddruck zwischen den beiden Auflagern A und B ist:

$$\hat{E}' = \frac{237 \text{ kg/m}^2 + 1543 \text{ kg/m}^2}{2} \cdot 2,72 \text{ m} = 2421 \text{ kg} \, ;$$

desgl. über dem oberen Auflager:

$$\hat{E}'' = \frac{199 \text{ kg/m}^2 + 237 \text{ kg/m}^2}{2} \cdot 0,08 \text{ m} = 18 \text{ kg} \, ;$$

Höhe des Angriffspunktes von $\hat{E}'$ über dem unteren Auflager:

$$e' = 0,533 \text{ m} + \frac{2,72 \text{ m}}{3} \cdot \frac{2 \cdot 237 \text{ kg/m} + 1543 \text{ kg/m}}{237 \text{ kg/m} + 1543 \text{ kg/m}} = 1,561 \text{ m} \, ;$$

desgl. von $\hat{E}_2$ über dem oberen Auflager:

$$e'' = \frac{0,08 \text{ m}}{3} \cdot \frac{2 \cdot 199 \text{ kg/m} + 237 \text{ kg/m}}{199 \text{ kg/m} + 237 \text{ kg/m}} = 0,039 \text{ m} \, ;$$

Auflagerdrücke:

$$\hat{A} = 2421 \text{ kg} \cdot \frac{1,689 \text{ m}}{3,25 \text{ m}} - 18 \text{ kg} \cdot \frac{0,039 \text{ m}}{3,25 \text{ m}} = 1258 \text{ kg} \, ;$$

$$\hat{B} = 1163 + 18,2 = 1181 \text{ kg} \, ;$$

Bestimmung des gefährlichen Querschnittes:

$$\frac{\hat{p}_2 + \hat{p}_x{}'}{2} \cdot (x' - 0,533 \text{ m}) = 1258 \text{ kg} \, ;$$

$$\hat{p}_x{}' = 1543 \text{ kg/m} - \frac{x' - 0,533 \text{ m}}{2,72 \text{ m}} \cdot 1344 \text{ kg/m} \, ;$$

$$(2 \cdot 1543 \text{ kg/m} - \frac{x' - 0,533 \text{ m}}{2,72 \text{ m}} \cdot 1344 \text{ kg/m}) \cdot (x' - 0,533 \text{ m}) =$$

$$= 2 \cdot 1258 \text{ kg} :$$

$$x'^2 - 6,212 \cdot x' + 8,137 \text{ m} = 0 \, ;$$

$$x'^2 - 2 \cdot 3,106 \cdot x' + (3,106)^2 = 1,510 \, ;$$

$$x' = 3,106 \pm \sqrt{1,510} = 1,876 \text{ m} \, ;$$

$$\hat{p}_x{}' = 1543 \text{ kg/m} - \frac{1,876 \text{ m} - 0,533 \text{ m}}{2,72 \text{ m}} \cdot 1344 \text{ kg/m} = 860 \text{ kg/m}.$$

$$\hat{\mathfrak{M}}_{\text{max}} = 1258 \text{ kg} \cdot 1,876 \text{ m} - 860 \text{ kg/m} \cdot \frac{(1,343 \text{ m})^2}{2} - \frac{683 \text{ kg/m}}{2} \cdot \frac{(1,343 \text{ m})^2}{3} =$$

$$= 1379 \text{ mkg} \, ;$$

$$h - a = 0,411 \cdot \sqrt{\frac{137900 \text{ cmkg}}{100 \text{ cm}}} = 15,3 \text{ cm} \, ; \quad h = 17 \text{ cm} \, ;$$

$$F_e = 0,00228 \cdot \sqrt{137900 \text{ cmkg} \cdot 100 \text{ cm}} = 8,5 \text{ cm}^2 \, ;$$

$11 \times d = 10 \text{ mm}$ mit $8,64 \text{ cm}^2$.

Seitlicher spezifischer Flächendruck des Fundamentes am Auflager A bei einer Höhe von 80 cm;

$$\hat{\gamma} = \frac{2 \cdot 1258\,\text{kg}}{80\,\text{cm} \cdot 100\,\text{cm}} = 0,31\ \text{kg/cm}^2.$$

Eisenverzeichnis:

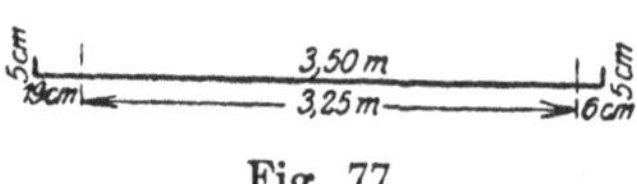

Fig. 77.

(8,90 m — 3 · 0,20 m — 2 · 0,05 m) · 12 = 98 Stück d = 10 mm, 3,60 m lange, vertikale Wandeisen;

5 horizontale Verbindungseisen d = 8 mm 9,00 m lang (ohne Haken).

Beispiel 21: Von der Eingangshalle des Erdgeschosses nach der Gärtnerwohnung — über einer Autogarage — im 1. Stock soll eine Eisenbetontreppe über einen Raum von 3,55 m lichter Weite geführt werden.

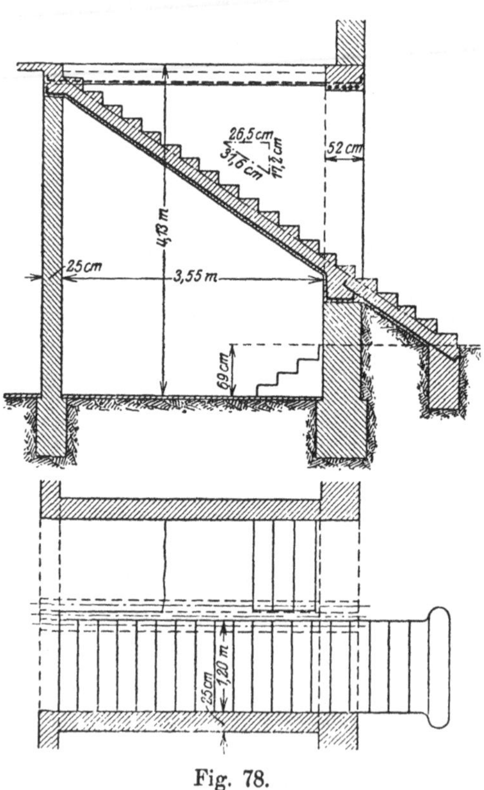

Fig. 78.

a) Deckenplatte ohne Unterzug:

$l = 3,55\,\text{m} + \tfrac{1}{2} \cdot 0,25\,\text{m} + \tfrac{1}{2} \cdot 0,219\,\text{m} = 3,78\,\text{m};$

$\hat{p} = 500\,\text{kg/m} + 50\,\text{kg/m} + (\tfrac{1}{2}\,0,172\,\text{m} + 0,261\,\text{m}) \cdot 2400\,\text{kg/m}^2 =$
$$= 1383\ \text{kg/m};$$

$$\mathfrak{M} = \tfrac{1}{8} \cdot 1383 \text{ kg/m} \cdot 3,78 \text{ m}^2 = 2472 \text{ mkg};$$

$$h - a = 0,411 \cdot \sqrt{\frac{247\,200 \text{ cmkg}}{100 \text{ cm}}} = 20,4 \text{ cm}; \quad h = 21,9 \text{ cm};$$

vertikal gemessen: $\dfrac{31,6 \text{ cm}}{26,5 \text{ cm}} \cdot 21,9 \text{ cm} = 26,1 \text{ cm};$

$$F_e = 0,00228 \cdot \sqrt{247\,200 \text{ cmkg} \cdot 100 \text{ cm}} = 11,3 \text{ cm}^2; \text{ für } 1,20 \text{ m Breite}$$
$$= 1,20 \text{ m} \cdot 11,3 \text{ cm}^2/\text{m} = 13,6 \text{ cm}^2; \quad 17 \times d = 10 \text{ mm mit } 13,4 \text{ cm}^2.$$

b) **Deckenplatte mit Unterzug:**

Die **Stufen** werden in diesem Falle quer zur Längsrichtung des Stufenlaufes armiert (s. obige Fig. 79) und werden als Balken mit b = 26,5 cm berechnet:

$$l = 1,20 \text{ m} + \tfrac{1}{2} \cdot 0,08 \text{ m} - \tfrac{1}{2} \cdot 0,16 \text{ m} = 1,16 \text{ m};$$
$$\hat{p} = 0,265 \text{ m} \cdot [500 \text{ kg/m}^2 + 50 \text{ kg/m}^2 + (\tfrac{1}{2} 0,172 \text{ m} +$$
$$+ 0,060 \text{ m}) \cdot 2400 \text{ kg/m}^3] = 238 \text{ kg/m};$$
$$\mathfrak{M} = \tfrac{1}{8} \cdot 238 \text{ kg/m} \cdot 1,16 \text{ m}^2 = 40,0 \text{ mkg};$$

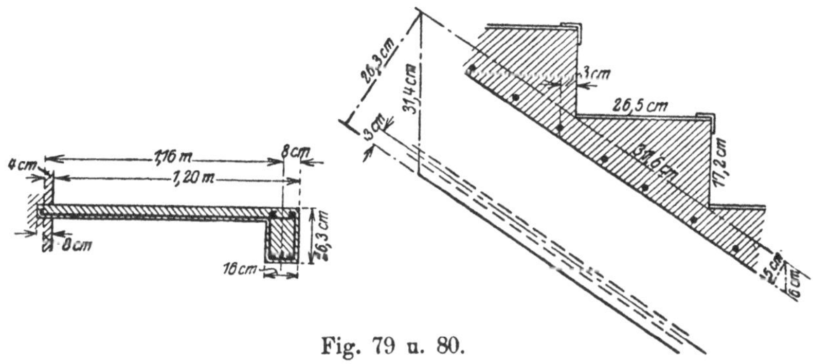

Fig. 79 u. 80.

$$h - a = 1,005 \cdot \sqrt{\frac{4000 \text{ cmkg}}{26,5 \text{ cm}}} = 12,3 \text{ cm}; \text{ vorhanden ist für die Eisen-}$$

einlage 3 cm hinter Stufenvorderkante:

$$h - a = 17,2 \text{ cm} - 2,0 \text{ cm} + 4,2 \text{ cm} = 19,4 \text{ cm};$$
$$F_e = 0,000873 \sqrt{3750 \text{ cmkg} \cdot 26,5 \text{ cm}} = 0,27 \text{ cm}^2;$$

vorhandener Querschnitt: $3 \times d = 7$ mm mit je 0,38 cm²; nach § 16 Abs. 9 der minist. Best. sind, wenn die Deckenplatte als mittragend, bei Berechnung des Unterzuges, angenommen wird, auf 1 lfd. m Balkenlänge mindestens 8 Eisen von 7 mm Durchmesser rechtwinklig zum Unterzug anzuordnen.

Unterzug: Da die Stufen als Balken mit der Breite b = 26,5 cm berechnet sind, so würde eine Dicke der Deckenplatte von 3 cm vollständig genügend sein; da jedoch die Decke bei Berechnung des

Unterzuges als mittragend angenommen werden soll, so wird die Dicke derselben entsprechend dem § 16 Absatz 12 der minist. Best. für Rippendecken mit einer Mindeststärke von 5 cm angenommen.

$$l = 3{,}55\,\text{m} + \tfrac{1}{2} \cdot 0{,}25\,\text{m} + \tfrac{1}{2} \cdot 0{,}263\,\text{m} = 3{,}81\,\text{m};$$

$$\hat{p} = \tfrac{1}{2} \cdot (1{,}16\,\text{m} + 0{,}16\,\text{m}) \cdot 900\,\text{kg/m}^2 + 0{,}16\,\text{m} \cdot 0{,}213 \cdot 2400\,\text{kg/m}^3$$
$$= 676\,\text{kg/m};$$

$$b = 6 \cdot 0{,}05\,\text{m} + \tfrac{1}{2} \cdot 0{,}16\,\text{m} = 0{,}380\,\text{m};$$

$$\mathfrak{M} = \tfrac{1}{8} \cdot 676\,\text{kg/m} \cdot 3{,}81\,\text{m}^2 = 1227\,\text{m/kg};$$

$$h - a = 0{,}411 \cdot \sqrt{\frac{122\,700\,\text{cmkg}}{38\,\text{cm}}} = 23{,}2\,\text{cm}; \quad h = 23{,}3\,\text{cm} + 3{,}0\,\text{cm} = 26{,}3\,\text{cm};$$

vertikal gemessen: $\dfrac{31{,}6\,\text{cm}}{26{,}5\,\text{cm}} \cdot 26{,}3\,\text{cm} = 31{,}4\,\text{cm};$

$$F_e = 0{,}00228 \cdot \sqrt{122\,700\,\text{cmkg} \cdot 38\,\text{cm}} = 4{,}9\,\text{cm}^2;$$

$$2 \times d = 18\,\text{mm mit } 5{,}09\,\text{cm}^2; \quad x = 0{,}333 \cdot 23{,}3\,\text{cm} = 7{,}8\,\text{cm};$$

$$\hat{\tau}_0 = \tfrac{1}{2} \cdot \frac{676\,\text{kg/m} \cdot 3{,}81\,\text{m}}{16\,\text{cm} \cdot (23{,}3\,\text{cm} - 2{,}6\,\text{cm})} = 3{,}9\,\text{kg/cm}^2;$$

$$\hat{\tau}_1 = \frac{3{,}9\,\text{kg/cm}^2 \cdot 16\,\text{cm}}{2 \cdot 1{,}8\,\text{cm} \cdot 3{,}14} = 5{,}5\,\text{kg/cm}^2;$$

durch Zulegen von 1 Rundeisen d = 10 mm wird die Haftspannung auf

$$5{,}5\,\text{kg/cm}^2 \cdot \frac{2 \cdot 1{,}8\,\text{cm}}{2 \cdot 1{,}8\,\text{cm} + 1{,}0\,\text{cm}} = 4{,}3\,\text{kg/cm}^2 \text{ herabgemindert.}$$

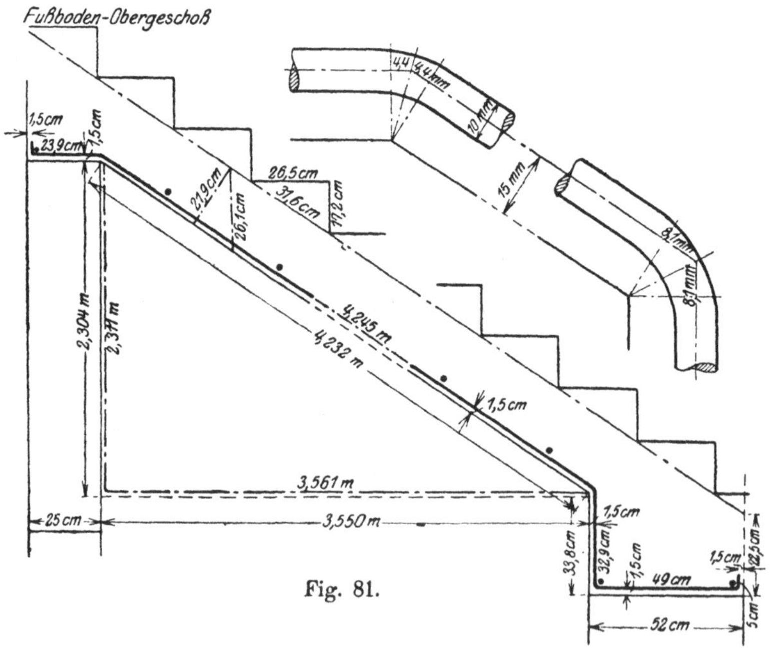

Fig. 81.

Eisenverzeichnis zu dem Treppenlauf a:

17 Deckeisen d = 10 mm 5,403 m lang;

12 Verteilungseisen d = 8 mm 1,16 m lang (ohne Haken).

Eisenverzeichnis zu dem Treppenlauf b:

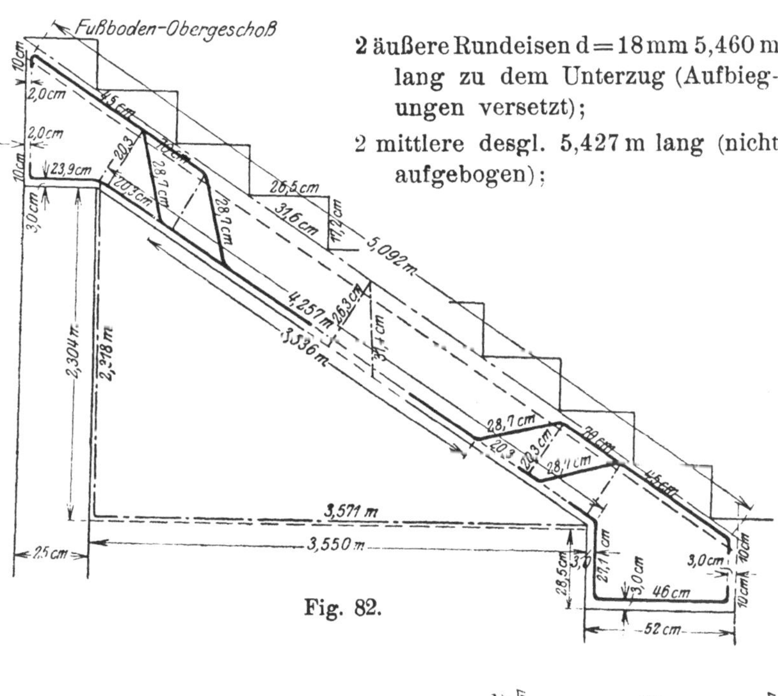

2 äußere Rundeisen d = 18 mm 5,460 m lang zu dem Unterzug (Aufbiegungen versetzt);

2 mittlere desgl. 5,427 m lang (nicht aufgebogen);

Fig. 82.

1) 40 Deckeneisen d = 8 mm 1,35 m lang;
2 Verteilungseisen d = 8 mm 4,30 m lang (ohne Haken);

2) 9 Bügel d = 6 cm 68 cm lang;

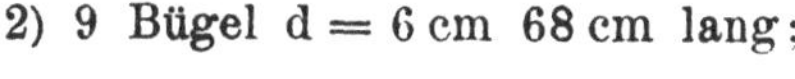

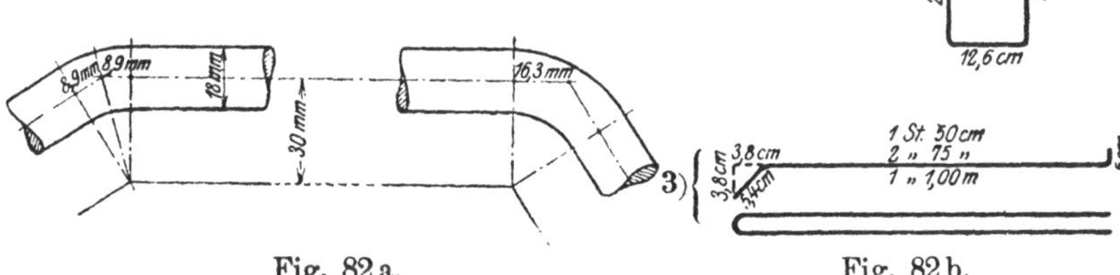

Fig. 82 a.   Fig. 82 b.

3) { 1 Schlaufe d = 6 cm 1,15 m lang;
     2 „ „ 1,65 „ „
     1 „ „ 2,15 „ „

An Beton werden gebraucht für die Deckenplatte einschl. Stufen bei a) (Platte und Stufen):

$$1{,}20\,\text{m} \cdot 0{,}219\,\text{m} \cdot 100\,\text{m} + \tfrac{1}{2} \cdot 0{,}172\,\text{m} \cdot \frac{0{,}265\,\text{m}}{0{,}315\,\text{m}} \cdot 0{,}087\,\text{m} \cdot 1{,}00\,\text{m} =$$

$$= 0{,}350\,\text{cbm/m};$$

bei b) (Platte, Unterzug und Stufen):

$$1{,}30\,\text{m} \cdot 0{,}05\,\text{m} \cdot 1{,}00\,\text{m} + 0{,}16\,\text{m} \cdot 0{,}213\,\text{m} \cdot 1{,}00\,\text{m} + 0{,}087 = 0{,}186\,\text{cbm/m};$$

an Rundeisen sind erforderlich bei a):

$$17 \cdot 1{,}00\,\text{m}\ \ 0{,}617\,\text{kg/m} + 2 \cdot 1{,}16\,\text{m} \cdot 0{,}395\,\text{kg/m} = 11{,}4\,\text{kg/m};$$

bei b):

$$2 \cdot 1{,}00\,\text{m} \cdot 2{,}00\,\text{kg/m} + 2 \cdot 1{,}00\,\text{m} \cdot 0{,}617\,\text{kg/m} + 2 \cdot 1{,}00\,\text{m} \cdot 0{,}395\,\text{kg/m} +$$

$$+ 3 \cdot 1{,}35\,\text{m} \cdot 0{,}395\,\text{kg/m} \cdot \frac{1{,}00\,\text{m}}{0{,}316\,\text{m}} = 11{,}1\,\text{kg/m};$$

infolge des Mindergewichtes an Beton wird die Stiege im Falle b) erheblich leichter und auch billiger; die Kosten für Schalung werden im Falle b) höher.

Beispiel 22: Wasserbehälter von $3{,}00\,\text{m} \times 4{,}00\,\text{m}$ i. L. Grundfläche bei $3{,}00\,\text{m}$ i. L. Höhe ($36{,}0$ cbm Inhalt).

Die Bodeneisen werden an beiden Enden hochgebogen und 46 cm über dem Boden mit Haken versehen zur Aufnahme eines in dieser Höhe rings um den Behälter laufenden horizontalen Rundeisens; in dieses horizontale Rundeisen werden die sämtlichen vertikalen Wandeisen mit ihrem unteren Ende eingehängt; das obere Ende dieser Wandeisen greift über ein an der Decke befindliches gleichfalls rings um den Behälter laufendes horizontales Rundeisen, an welchem auch die Deckeneisen angreifen. Die gleichmäßig verteilte Belastung des Bodens und der Wand in der Höhe des Bodens durch das Wasser, bei gefülltem Behälter, ist:

$$\hat{p}_u = 3000\,\text{kg/m};$$

desgl. der Wand in der Höhe des 46 cm über dem Boden gelegenen Auflager A:

$$\hat{p}_a = 2540\,\text{kg/m};$$

in Höhe der Unterkante Decke wird die gleichmäßig verteilte Belastung durch den Wasserdruck $= 0$; der gesamte Wasserdruck zwischen dem Auflager A und der Decke auf einem $1{,}00\,\text{m}$ breiten Streifen der Wand ist:

$$\hat{P}_1 = \tfrac{1}{2} \cdot 2540\,\text{kg/m}^2 \cdot 1{,}00\,\text{m} \cdot 2{,}54\,\text{m} = 3226\,\text{kg};$$

derselbe wirkt in einer Höhe $\tfrac{1}{3} \cdot 2{,}54\,\text{m} = 0{,}847\,\text{m}$ über dem Auflager A; Auflagerdrücke:

$$\hat{A} = \frac{1{,}713\,\text{m}}{2{,}560\,\text{m}} \cdot 3226\,\text{kg} = 2159\,\text{kg}; \quad \hat{B} = 1067\,\text{kg}.$$

Gefährlicher Querschnitt:

$$\frac{\hat{p}_x{}' + \hat{p}_a}{2} \cdot x' = \hat{A}; \quad \hat{p}_x{}' = \hat{p}_a - \frac{x'}{2{,}54\,\text{m}} \cdot \hat{p}_a;$$

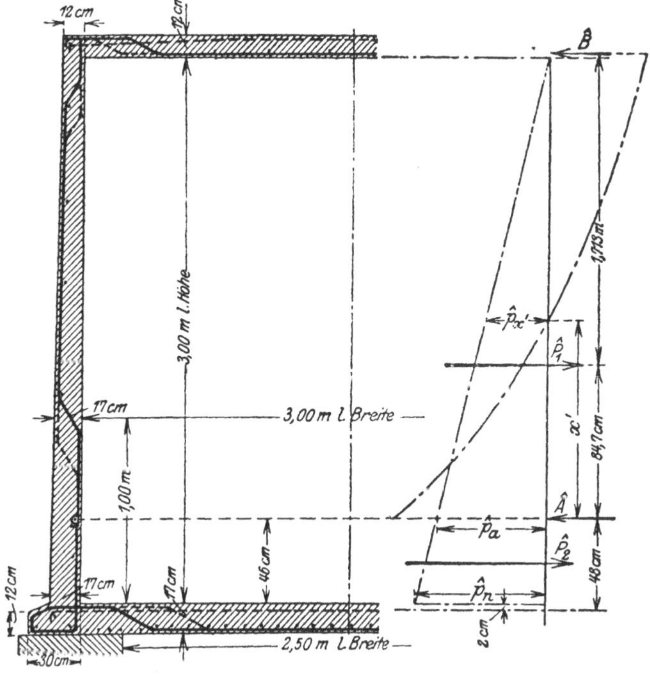

Fig. 83.

aus diesen beiden Gleichungen können die 2 Unbekannten x' und $\hat{p}_x{}'$ ermittelt werden:

$$\frac{p_x{}' + 2540\,\text{kg/m}}{2} \cdot x' = 2159\,\text{kg}; \quad \hat{p}_x = \frac{2{,}54\,\text{m} - x'}{2{,}54\,\text{m}} \cdot 2540\,\text{kg/m};$$

$$[(2{,}54\,\text{m} - x') \cdot 1000\,\text{kg/m}^2 + 2540\,\text{kg/m}] \cdot x' = 2 \cdot 2159\,\text{kg};$$

$$x'^2 - 2 \cdot 2{,}54\,\text{kg/m} \cdot x' + (2{,}54\,\text{m})^2 = 2{,}134\,\text{m}^2;$$

$$x' = 2{,}54\,\text{m} \pm \sqrt{2{,}134\,\text{m}^2} = 1{,}079\,\text{m};$$

da $x' < 2{,}54\,\text{m}$ sein muß, so kommt nur das untere Vorzeichen der Wurzel in Betracht.

$$\hat{p}_x{}' = \frac{1{,}461\,\text{m}}{2{,}54\,\text{m}} \cdot 2540\,\text{kg/m} = 1461\,\text{kg/m};$$

das Maximalbelastungsmoment ist:

$$\mathfrak{M}_{\text{max}} = 2159\,\text{kg} \cdot 1{,}079\,\text{m} - 1461\,\text{kg/m} \cdot \frac{1{,}079\,\text{m}^2}{2} -$$

$$- \tfrac{1}{2} \cdot 1079\,\text{kg/m} \cdot \tfrac{2}{3} \cdot 1{,}079\,\text{m} = 1119\,\text{mkg};$$

$$h - a = 0{,}411 \cdot \sqrt{\dfrac{111\,900 \text{ cmkg}}{100 \text{ cm}}} = 13{,}8 \text{ cm}; \quad h = 15{,}3 \text{ cm};$$

$$F_e = 0{,}00228 \cdot \sqrt{111\,900\,\text{cmkg} \cdot 100 \text{ cm}} = 7{,}6 \text{ cm};$$

$$10 \times d = 10 \text{ mm mit } 7{,}85 \text{ cm}^2.$$

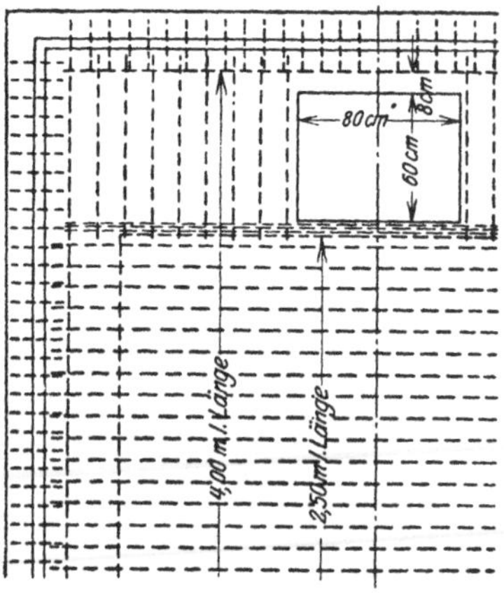

Der gesamte Wasserdruck zwischen dem Auflager bei A und der Bodenfläche beträgt:

$$\hat{P}_2 = \frac{2540 \text{ kg/m}^2 + 3000 \text{ kg/m}^2}{2} \cdot$$

$$\cdot 1{,}00 \text{ m} \cdot 0{,}46 \text{ m} = 1274 \text{ kg};$$

derselbe wirkt in einer Höhe über der Bodenfläche

$$= \frac{0{,}46 \text{ m}}{3} \cdot$$

$$\frac{2 \cdot 2540 \text{ kg/m} + 3000 \text{ kg/m}}{2540 \text{ kg/m} + 3000 \text{ kg/m}} =$$

$$= 0{,}224 \text{ m};$$

Fig. 84.

$$\hat{\mathfrak{M}}_{\mathrm{max}} = 2159 \text{ kg} \cdot 0{,}48 \text{ m} + 1274 \text{ kg} \cdot (0{,}224 \text{ m} + 0{,}02 \text{ m}) = 1347 \text{ mkg};$$

$$h - a = 0{,}411 \cdot \sqrt{\dfrac{134\,700 \text{ cmkg}}{100 \text{ cm}}} = 15{,}1 \text{ cm}; \quad h = 17 \text{ cm};$$

$$F_e = 0{,}00228 \cdot \sqrt{134\,700 \text{ cmkg} \cdot 100 \text{ cm}} = 8{,}4 \text{ cm}^2;$$

$$11 \times d = 10 \text{ mm mit } 8{,}6 \text{ cm}^2.$$

Die Rundeisen gehen über die ganze Breite und Länge des Bodens durch, so daß derselbe kreuzweise armiert ist; dadurch trägt sich der Boden auf eine Lichtweite von 2,50 m × 2,50 m frei, wie sich aus nachstehender Berechnung ergibt, weshalb eine Unterstützung des Bodens in dieser Ausdehnung nicht erforderlich ist.

$$l_1 = l_2 = 2{,}50 \text{ m} + 0{,}17 \text{ m} = 2{,}67 \text{ m};$$

$$\hat{\mathfrak{M}} = \tfrac{1}{8} \cdot 1500 \text{ kg/m} \cdot (2{,}67 \text{ m})^2 = 1340 \text{ mkg};$$

$$h - a = 0{,}411 \cdot \sqrt{\dfrac{134\,000 \text{ cmkg}}{100 \text{ cm}}} = 15{,}0 \text{ cm}; \quad h = 17 \text{ cm};$$

$$F_e = 0{,}00228 \cdot \sqrt{134\,000 \text{ cmkg} \cdot 100 \text{ cm}} = 8{,}3 \text{ cm}^2;$$

vorhanden sind 11 × d = 10 mm mit 8,6 cm².

Decke: $$l = 3{,}00 \text{ m} + 0{,}12 \text{ m} = 3{,}12 \text{ m};$$

$$\hat{p} = 250 \text{ kg/m} + 288 \text{ kg/m} = 538 \text{ kg/m};$$

$$\hat{\mathfrak{M}} = \tfrac{1}{8} \cdot 538 \text{ kg/m} \cdot 3{,}12 \text{ m}^2 = 635 \text{ mkg};$$

$$h - a = 0{,}411 \cdot \sqrt{\frac{63\,500\ \text{cmkg}}{100\ \text{cm}}} = 10{,}5\ \text{cm}\,;\ h = 12\ \text{cm}$$

$$F_e = 0{,}00228 \cdot \sqrt{63\,500\ \text{cmkg} \cdot 100\ \text{cm}} = 5{,}83\ \text{cm}^2\,;$$

$$7\,\tfrac{1}{2} \times d = 10\ \text{mm}\ \text{mit}\ 5{,}88\ \text{cm}^2.$$

Verankerung: Der gesamte Wasserdruck auf die Wandfläche beträgt für 1 lfd. Meter Breite:

$$\hat{Q} = \tfrac{1}{2} \cdot 3000\ \text{kg/m}^2 \cdot 3{,}00\ \text{m} \cdot 1{,}00\ \text{m} = 4500\ \text{kg}\,;$$

dieser Druck ist durch besondere Eiseneinlagen in der Decke und in dem Boden zu verankern; von diesen Eiseneinlagen in der Decke ist aufzunehmen $\tfrac{1}{3} \cdot \hat{Q} = 1500\ \text{kg}$ und von denjenigen im Boden $\tfrac{2}{3} \cdot \hat{Q} = 3000\ \text{kg}$. In der Breite ist hierfür ein Eisenquerschnitt von

$$F_e{}' = \frac{3{,}00\ \text{m} \cdot 1500\ \text{kg/m}}{800\ \text{kg/cm}^2} = 5{,}6\ \text{cm}^2$$

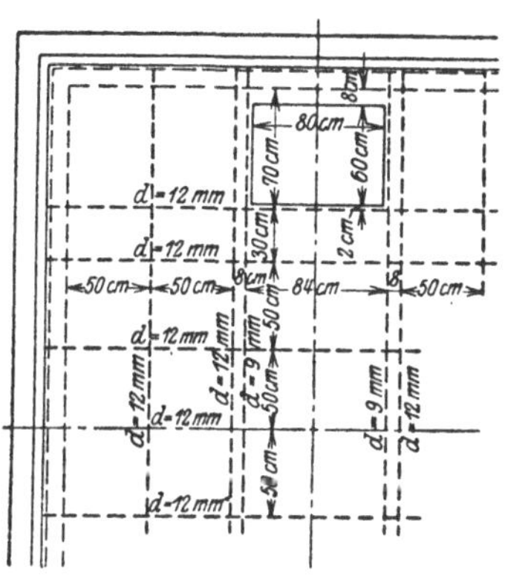

Fig. 85.

erforderlich (nach dem Runderlaß des preuß. Ministers der öffentl. Arbeiten vom 31. I. 1910 dürfen Anker nur mit 800 kg/cm² beansprucht werden); gewählt werden $4 \times d = 12\ \text{mm} + 2 \times d = 9\ \text{mm}$ mit 5,8 cm²; in der Länge sind für die Aufnahme des Wasserdruckes erforderlich:

$$F_e{}'' = \frac{4{,}00\ \text{m}\ 1500\ \text{kg/m}}{800\ \text{kg/cm}^2} = 7{,}5\ \text{cm}^2\,;$$

gewählt werden $7 \times d = 12\ \text{mm}$ mit 7,9 cm².

In dem Boden sind für die Verankerung der Seitenwände gegen den Wasserdruck erforderlich:

quer: $11 \times d = 12\ \text{mm}$;

längs: $15 \times d = 12\ \text{mm}$.

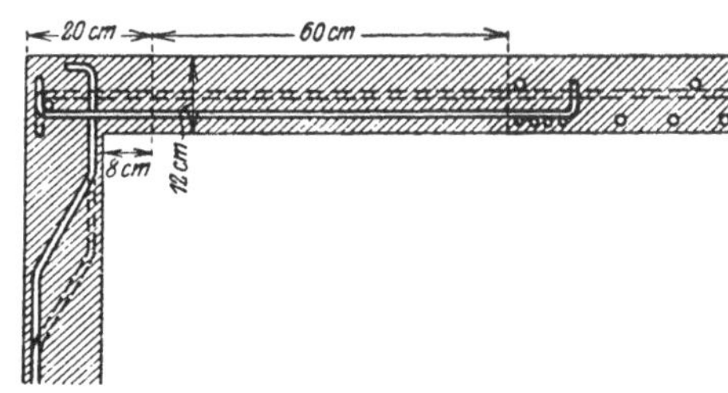

Fig. 86.

In der Decke befindet sich ein Einsteigloch 60 cm/80 cm i.L.; auf die Breite b = 60 cm desselben treffen $0{,}60\ \text{m} \cdot 7\,\tfrac{1}{2} = 5$ Rundeisen d = 10 mm; von denselben werden 3 Stück an den Rand des Einsteigloches gegen die Behältermitte gelegt; die übrigen 2 Deckeneisen können wegbleiben; dafür werden in Abständen von je 15 cm Quereisen d = 8 mm gelegt, welche auf der einen Seite auf der

Behälterwand, auf der anderen Seite auf den 4 zusammengelegten Deckeneisen aufliegen.

In der nebenstehenden Figur ist die Verteilung der Anker in der Decke angegeben; im Boden liegen die Ankereisen $d = 12$ mm in Abständen von je 25 cm.

Da der Einsteigschacht möglichst nahe an einer Seitenwand angebracht ist, so ist zu untersuchen, ob daselbst der Querschnitt genügend stark ist:

$$l = 0,84 \text{ m} + 2 \cdot \frac{1,13 \text{ cm}^2}{1,13 \text{ cm}^2 + 0,63 \text{ cm}} \cdot 0,08 \text{ m} = 0,94 \text{ m};$$

$$\hat{p} = 1500 \text{ kg/m}; \quad \hat{\mathfrak{M}} = \tfrac{1}{8} \cdot 1500 \text{ kg/m} \cdot (0,94 \text{ m})^2 = 166 \text{ mkg}; \quad b = 0,12 \text{ m};$$

$$h - a = 0,411 \cdot \sqrt{\frac{16\,600 \text{ cmkg}}{0,12 \text{ m} \cdot 100 \text{ cm}}} = 15,2 \text{ cm}; \quad h = 20 \text{ cm};$$

$$F_e = 0,00228 \cdot \sqrt{16\,600 \text{ cmkg} \cdot 12 \text{ cm}} = 1,02 \text{ cm}^2;$$

da an der oberen Ecke ein Rundeisen $d = 12$ cm mit $F_e = 1,13$ cm^2 liegt, an welchem die Anker angreifen, so ist der Querschnitt vollständig genügend.

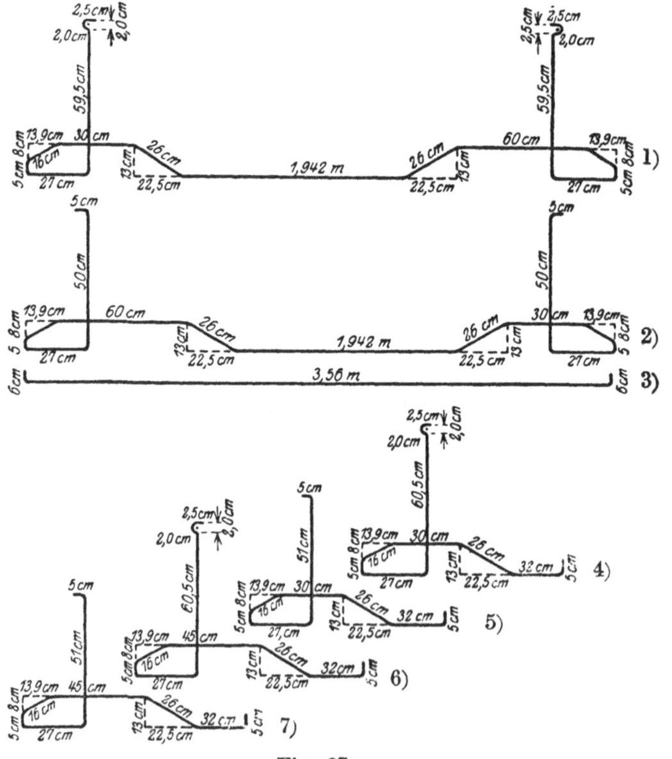

Fig. 87.

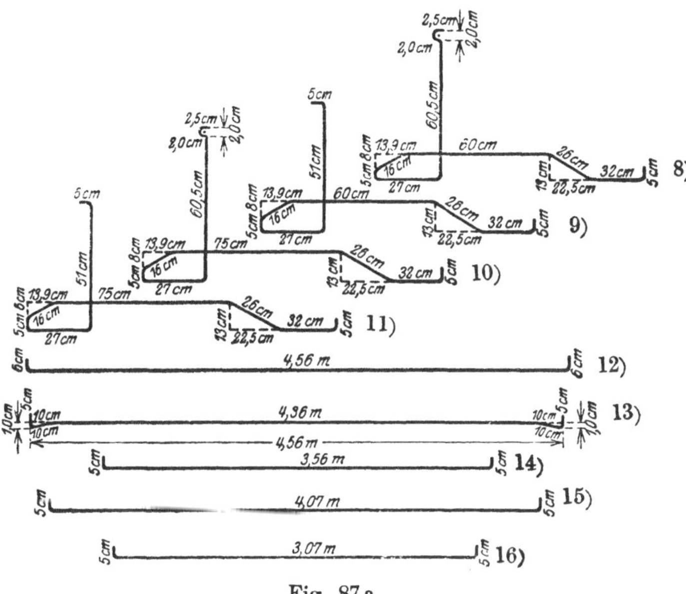

Fig. 87a.

Eisenverzeichnis:

1) $\frac{1}{2} \cdot (11 \cdot 4{,}00 \, \text{m} - 1) = 22$ Stück Bodeneisen zwischen den beiden Längswänden d = 10 mm 5,643 m lang;

2) 21 Stück desgl. desgl. abwechselnd mit den oberen Bodeneisen verlegt, d = 10 mm 5,422 m lang;

3) 15 Stück d = 12 mm 3,68 m lang, Ankereisen im Boden zwischen den beiden Längswänden;

4) $\frac{1}{4} \cdot (11 \cdot 3{,}0 \, \text{m} - 1) = 8$ Stück d = 10 mm 2,08 m lange Bodeneisen, an die beiden Querwände anschließend;

5) 8 Stück d = 10 mm 1,97 m lang, desgl., desgl.;

6) 8 „ „ 2,23 „ „ „ „

7) 8 „ „ 2,12 „ „ „ „

8) 8 „ „ 2,38 „ „ „ „

9) 8 „ „ 2,27 „ „ „ „

10) 8 „ „ 2,53 „ „ „ „

11) 8 „ „ 2,42 „ „ „ „

12) 11 Stück d = 12 mm 4,68 m lang, Ankereisen im Boden zwischen den beiden Querwänden;

13) 2 Stück d = 10 mm 4,66 m lang, Längseisen an den Außenkanten des Bodens;

14) 2 Stück d = 10 mm 3,66 m lang, Quereisen desgl. desgl.;

15) 2 Stück d = 10 mm 4,17 m lang, Längseisen 46 cm über dem Boden, zum Einhängen der Wandeisen;

16) 2 Stück d = 7 mm l. W. 3,17 m lang, Quereisen desgl. desgl.

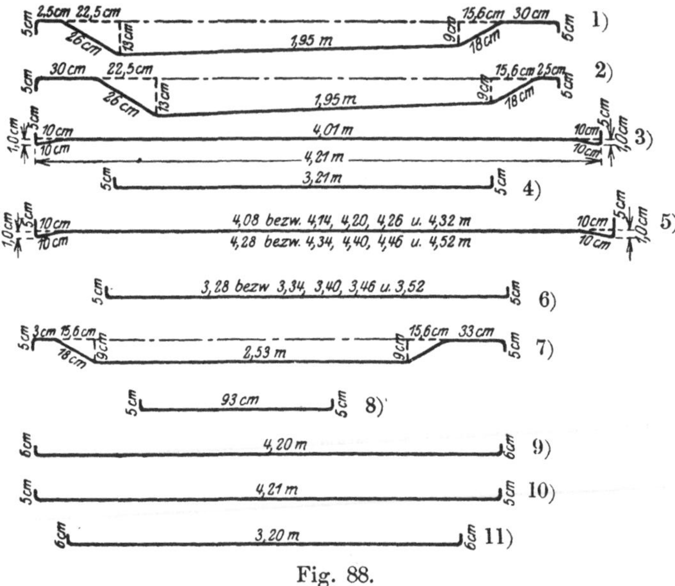

Fig. 88.

1) $10 \cdot (4{,}00\,\text{m} + 3{,}00\,\text{m}) - 2 = 68$ Stück Wandeisen d $= 10$ mm 2,815 m lang;

2) 68 Stück desgl., d $= 10$ mm 2,816 m lang;

3) 2 Stück d $= 10$ mm 4,31 m lang, oberste Längseisen;

4) 2 „ „ 3,31 „ „ „ Quereisen;

5) je 2 Stück d $= 8$ mm 4,38 m bzw. 4,44 m, 4,50 m, 4,56 m und 4,62 m lange Verteilungseisen in den beiden Längswänden;

6) je 2 Stück d $= 8$ mm 3,38 m bzw. 3,44 m, 3,50 m, 3,56 m und 3,62 m lange Verteilungseisen in den beiden Querwänden;

7) $7^{1}/_{2} \cdot 4{,}00\,\text{m} - 2 = 28$ Stück d $= 10$ mm 3,35 m lange Deckeneisen; die Eisen werden beim Verlegen abwechselnd geschwenkt;

8) 16 Stück d $= 8$ mm 1,03 m lang, Deckeneisen zu beiden Seiten der Einsteigöffnung;

9) 4 Stück d $= 12$ mm 4,32 m lang, Ankereisen in der Decke, längs, äußere;

10) 2 Stück d $= 9$ mm 4,31 m lang, desgl., mittlere;

11) 7 Stück d $= 12$ mm 3,32 m lang, desgl., desgl., quer.

Beispiel 23: Stützwand zwischen Pfosten mit Streben: Zur Einfriedigung eines Anwesens soll eine Eisenbetonstützmauer ausgeführt werden, welche zunächst den Erddruck von der Seite des Anwesens aufzunehmen hat, da in demselben die Erdoberfläche 2,00 m höher gelegt werden soll; die Stützmauer ist jedoch so auszuführen, daß dieselbe imstande ist, den Erddruck auch von der anderen Seite aufzunehmen, wenn auf der anderen Seite eine Straße angelegt wird, deren Oberfläche 4,00 m über der jetzigen Erdoberfläche liegt.

1. Stützwand zwischen dem vorhandenen und dem neuen Terrain des Anwesens:

Der tätige Erddruck auf die innere Fläche der Stützmauer durch das neue Terrain des Anwesens unter Vernachlässigung des Reibungswinkels beträgt:

$$\hat{E}_1 = \tfrac{1}{2} \cdot \hat{\gamma} \cdot h^2 \cdot b \cdot tg^2\left(45^0 - \frac{\varrho}{2}\right) = \tfrac{1}{2} \cdot 1600\,kg/m^3 \cdot 2,00\,m^2 \cdot 1,00\,m \cdot 0,300$$

$$= 960\,kg;$$

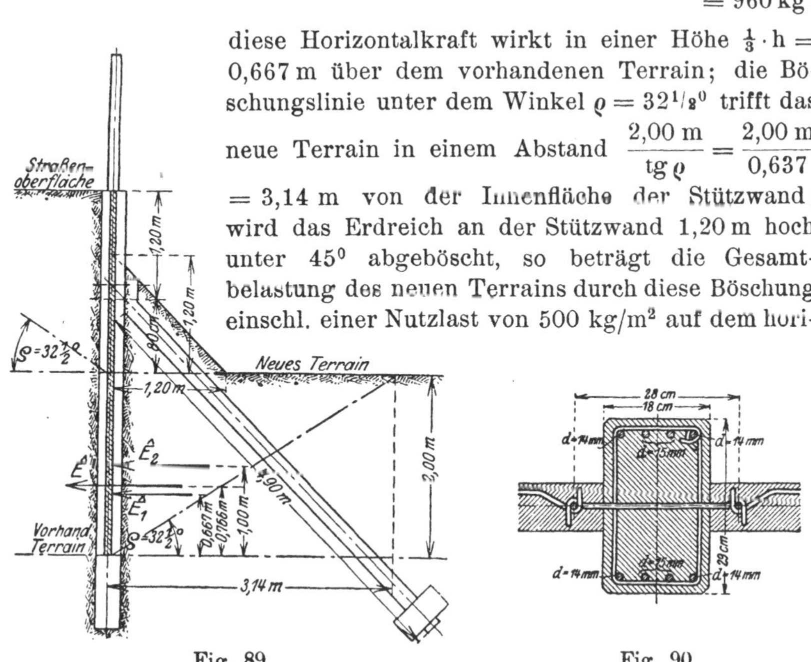

diese Horizontalkraft wirkt in einer Höhe $\tfrac{1}{3} \cdot h = 0,667\,m$ über dem vorhandenen Terrain; die Böschungslinie unter dem Winkel $\varrho = 32^1/_2{}^0$ trifft das neue Terrain in einem Abstand $\dfrac{2,00\,m}{tg\,\varrho} = \dfrac{2,00\,m}{0,637}$ $= 3,14\,m$ von der Innenfläche der Stützwand; wird das Erdreich an der Stützwand 1,20 m hoch unter 45^0 abgeböscht, so beträgt die Gesamtbelastung des neuen Terrains durch diese Böschung einschl. einer Nutzlast von 500 kg/m² auf dem hori-

Fig. 89. Fig. 90.

zontalen Teil des neuen Terrains bis zu einer Entfernung von 3,14 m von der Stützwand: $\hat{Q} = \tfrac{1}{2} \cdot 1,20\,m \cdot 1,20\,m \cdot 1,00\,m \cdot 1600\,kg/m^3 + 1,94\,m \cdot 1,00\,m \cdot 500\,kg/m^2 = 2122\,kg$; die durchschnittliche Belastung des neuen Terrains auf dieser Strecke beträgt daher:

$$\hat{\pi} = \frac{2122\,kg}{1,00\,m \cdot 3,14\,m} = 675\,kg/m^2;$$

der Erddruck auf die hintere Fläche der Stützwand durch diese Belastung ist:

$$\hat{E}_2 = \hat{\pi} \cdot h \cdot b \cdot tg^2\left(45^0 - \frac{\varrho}{2}\right) = 675\,kg/m^2 \cdot 1,00\,m \cdot 2,00\,m \cdot 0,300 = 405\,kg;$$

diese Horizontalkraft wirkt in einer Höhe: $\frac{1}{2} \cdot h = 1{,}00$ m über dem vorhandenen Terrain:

Mittelkraft aus $\hat{E}_1$ und $\hat{E}_2$:

$$\hat{E} = 960 + 405 = 1365 \text{ kg};$$

dieselbe wirkt in einer Höhe über dem vorhandenen Terrain:

$$= 0{,}667 \text{ m} + \frac{405 \text{ kg}}{1365 \text{ kg}} \cdot 0{,}333 \text{ m} = 0{,}766 \text{ m};$$

Stützwand 2,00 m unter dem neuen Terrain:

Stützweite bei 2,50 m Pfostenabstand:

$$l = 2{,}50 \text{ m} - 0{,}28 \text{ m} = 2{,}22 \text{ m}; \quad \hat{p}' = \frac{2 \cdot 960 \text{ kg}}{2{,}00 \text{ m}} + \frac{405 \text{ kg}}{2{,}00 \text{ m}} =$$
$$= 1163 \text{ kg/m};$$

$$\mathfrak{M} = \tfrac{1}{8} \cdot 1163 \text{ kg/m} \cdot 2{,}22 \text{ m}^2 = 716 \text{ mkg};$$

$$h - a = 0{,}411 \cdot \sqrt{\frac{71\,600 \text{ cmkg}}{100 \text{ cm}}} = 11{,}0 \text{ cm}; \quad h = 12{,}5 \text{ cm};$$

$$F_e = 0{,}00\,228 \cdot \sqrt{71\,600 \text{ cmkg} \cdot 100 \text{ cm}} = 6{,}10 \text{ cm}^2;$$
$$12^1/_2 \times d = 8 \text{ mm mit } 6{,}26 \text{ cm}^2.$$

Stützwand 1,50 m unter dem neuen Terrain:

$$l = 2{,}22 \text{ m}; \quad \hat{p} = \frac{1{,}50 \text{ m}}{2{,}00 \text{ m}} \cdot 960 \text{ kg/m} + 203 \text{ kg/m} = 923 \text{ kg/m};$$

$$\hat{\mathfrak{M}} = \tfrac{1}{8} \cdot 923 \text{ kg/m} \cdot 2{,}22 \text{ m}^2 = 569 \text{ m/kg};$$

$$h - a = 0{,}411 \cdot \sqrt{\frac{56\,900 \text{ cm/kg}}{100 \text{ cm}}} = 9{,}8 \text{ cm}; \quad h = 11{,}3 \text{ cm};$$

$$F_e = 0{,}00\,228 \cdot \sqrt{56\,900 \text{ cm/kg} \cdot 100 \text{ cm}} = 5{,}43 \text{ cm}^2;$$
$$11 \times d = 8 \text{ mm mit } 5{,}53 \text{ cm}^2.$$

Stützwand 1,00 m unter dem neuen Terrain:

$$l = 2{,}22 \text{ m}; \quad \hat{p} = \frac{1{.}00 \text{ m}}{2{,}00 \text{ m}} \cdot 960 \text{ kg/m} + 203 \text{ kg/m} = 683 \text{ kg/m};$$

$$\hat{\mathfrak{M}} = \tfrac{1}{8} \cdot 683 \text{ kg/m} \cdot 2{,}22 \text{ m}^2 = 421 \text{ m/kg};$$

$$h - a = 0{,}411 \cdot \sqrt{\frac{42\,100 \text{ cm/kg}}{100 \text{ cm}}} = 8{,}4 \text{ cm}; \quad h = 10{,}0 \text{ cm};$$

$$F_e = 00{,}0\,228 \cdot \sqrt{42\,100 \text{ cm/kg} \cdot 100 \text{ cm}} = 4{,}67 \text{ cm}^2;$$
$$9^1/_2 \times d = 8 \text{ mm mit } 4{,}78 \text{ cm}^2.$$

Stützwand 0,50 m unter dem neuen Terrain:

$$l = 2,22\,\text{m};\quad \hat{p} = \frac{0,50\,\text{m}}{2,00\,\text{m}} \cdot 960\,\text{kg/m} + 203\,\text{kg/m} = 443\,\text{kg/m};$$

$$\mathfrak{M} = \tfrac{1}{8} \cdot 443\,\text{kg/m} \cdot 2,22\,\text{m}^2 = 273\,\text{m/kg};$$

$$h - a = 0,411 \cdot \sqrt{\frac{27\,300\,\text{cm/kg}}{100\,\text{cm}}} = 6,8\,\text{cm};\quad h = 8,3\,\text{cm};$$

$$F_e = 0,00\,228 \cdot \sqrt{27\,300\,\text{cm/kg} \cdot 100\,\text{cm}} = 3,76\,\text{cm}^2;$$

$$7^{1}/_{2} \times d = 8\,\text{mm mit } 3,77\,\text{cm}^2.$$

2. Pfosten zwischen den Auflagern A und B: Auflager-drücke: $\hat{A} = \dfrac{1,299\,\text{m}}{3,333\,\text{m}} \cdot 1365\,\text{kg} = 532\,\text{kg};\; \hat{B} = 833\,\text{kg}$ für einen Wandstreifen von 1,00 m Breite; gefährlicher Querschnitt:

$$\hat{A} = \frac{\hat{p}_{min} + \check{p}_{x}{}'}{2}(x' - 0,80\,\text{m});$$

$$\hat{p}_x = \hat{p}_{min} + \frac{x' - 0,80\,\text{m}}{2,00\,\text{m}} \cdot (\hat{p}_{max} - \hat{p}_{min});$$

aus diesen beiden Gleichungen sind x' und $\hat{p}_x{}'$ zu bestimmen:

$$532\,\text{kg} = \frac{203\,\text{kg/m} + \hat{p}_x{}'}{2} \cdot (x' - 0,80\,\text{m});$$

$$\hat{p}_x{}' = 203\,\text{kg/m} + \frac{x' - 0,80\,\text{m}}{2,00\,\text{m}} \cdot 960\,\text{kg/m};$$

$$1064\,\text{kg} = 203\,\text{kg/m} \cdot x' - 0,80\,\text{m} \cdot 203\,\text{kg/m}$$
$$+ \hat{p}_x{}' \cdot (x' - 0,80\,\text{m});$$

$$1226\,\text{kg} = 203\,\text{kg/m} \cdot x' +$$
$$+ \left(203\,\text{kg/m}\,\frac{x' - 0,80\,\text{m}}{2,00\,\text{m}} \cdot 960\,\text{kg/m}\right)$$
$$\cdot (x' - 0,80)\,\text{m};$$

$$1388\,\text{kg} = 406\,\text{kg/m} \cdot x' + 480\,\text{kg/m}^2 \cdot (x' - 0,80\,\text{m})^2;$$

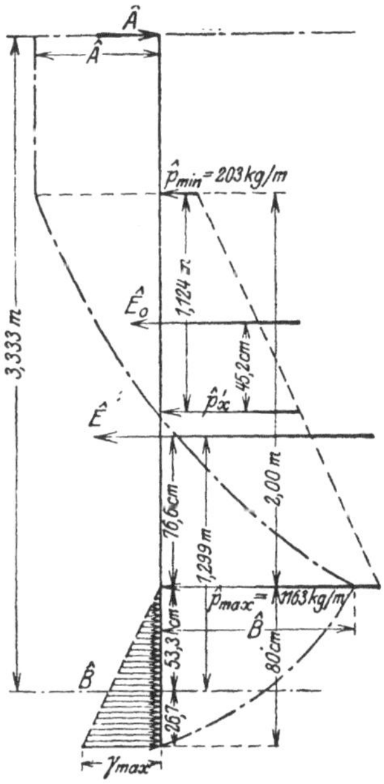

$$2,892\,\text{m}^2 = 0,846\,\text{m} \cdot x' + x'^2 - 1,60\,\text{m} \cdot x' - 0,64\,\text{m}^2;$$

$$x'^2 = 0,754\,\text{m} \cdot x' + (0,377\,\text{m})^2 = 2,394\,\text{m}^2;$$

$$x' = 0,377\,\text{m} \pm \sqrt{2,394\,\text{m}^2} = 1,924\,\text{m};$$

$$\hat{p}_x{}' = 203\,\text{kg/m} + \frac{1,924\,\text{m} - 0,80\,\text{m}}{2,00\,\text{m}} \cdot 960\,\text{kg/m} = 743\,\text{kg/m}.$$

Fig. 91.

Mittelkraft des Erddruckes zwischen $\hat{p}_{min}$ und $\hat{p}_x{}'$ für 1 Feld:

$$\hat{E}_0 = 2,50\,\text{m} \cdot \frac{203\,\text{kg/m}^2 + 743\,\text{kg/m}^2}{2} \cdot 1,124\,\text{m} = 1330\,\text{kg};$$

Höhe des Angriffspunktes dieser Mittelkraft über $\hat{p}_x{}'$:

$$s_0 = \frac{1{,}124\,\text{m}}{3} \cdot \frac{743\,\text{kg/m} + 2 \cdot 203\,\text{kg/m}}{743\,\text{kg/m} + 203\,\text{kg/m}} = 0{,}452\,\text{m}\,;$$

Maximalbelastungsmoment:

$$\hat{M}_{max} = 1330\,\text{kg} \cdot (1{,}924\,\text{m} - 0{,}452\,\text{m}) = 1958\,\text{mkg}\,;$$

$$h = 29\,\text{cm}\,;\ b = 18\,\text{cm}\,;\ a = a' = 1{,}7\,\text{cm}\,;$$

$$F_e = F_e{}' = 6{,}61\,\text{cm}^2\,(2 \times d = 14\,\text{mm} + 2 \times d = 15\,\text{mm})\,;$$

$$x = -\frac{\overset{11{,}02}{15 \cdot 2 \cdot 6{,}51\,\text{cm}^2}}{18\,\text{cm}} + \sqrt{121{,}4\,\text{cm}^2 + 11{,}02\,\text{cm} \cdot 29\,\text{cm}} = 10{,}0\,\text{cm}\,;$$

$$\hat{\sigma}_b = \frac{195\,800\,\text{cmkg}}{\dfrac{18\,\text{cm} \cdot 10{,}0\,\text{cm}}{2} \cdot (27{,}3\,\text{cm} - 3{,}33\,\text{cm}) + 15 \cdot 6{,}61\,\text{cm}^2 \cdot \dfrac{8{,}3\,\text{cm}}{10{,}0\,\text{cm}} \cdot 25{,}6\,\text{cm}}$$
$$= 46{,}0\,\text{kg/cm}^2\,;$$

$$\hat{\sigma}_e = \frac{15 \cdot 46{,}0\,\text{kg/cm}^2}{10{,}0\,\text{cm}} \cdot (27{,}3\,\text{cm} - 10{,}0\,\text{cm}) = 1194\,\text{kg/cm}^2\,;$$

$$\hat{\sigma}_e{}' = \frac{15 \cdot 46{,}0\,\text{kg/cm}^2}{10{,}0\,\text{cm}} \cdot (10{,}0\,\text{cm} - 1{,}7\,\text{cm}) = 573\,\text{kg/cm}^2.$$

Größter spezifischer Flächendruck des Pfostens auf das Erdreich am Auflager B in horizontaler Richtnng:

$$\hat{\gamma}_{max} = \frac{2{,}50\,\text{m} \cdot 2 \cdot 833\,\text{kg/m}}{18\,\text{cm} \cdot 80\,\text{cm}} = 2{,}90\,\text{kg/cm}^2.$$

3. **Stützwand zwischen dem neuen Terrain und der zukünftigen Straßenoberfläche:** Der tätige Erddruck auf die äußere Fläche der Stützmauer durch das Erdreich über dem neuen Terrain bis zur Straßenoberfläche unter Vernachlässigung des Reibungswinkels beträgt:

$$\hat{E}_1{}'' = \tfrac{1}{2} \cdot 1600\,\text{kg/m}^2 \cdot 2{,}00\,\text{m}^2 \cdot 1{,}00\,\text{m} \cdot 0{,}300 = 960\,\text{kg}\,;$$

diese Horizontalkraft wirkt in einer Höhe $\tfrac{1}{3} \cdot h = 0{,}667\,\text{m}$ über dem neuen Terrain. Unter Berücksichtigung der Belastung der Straßenoberfläche durch eine Dampfstraßenwalze ist die Nutzlast für dieselbe mit 1100 kg/m² anzunehmen; der durch dieselbe hervorgerufene Erddruck auf die äußere Fläche der Stützmauer beträgt:

$$\hat{E}_2{}'' = 1100\,\text{kg/m}^2 \cdot 2{,}00\,\text{m} \cdot 1{,}00\,\text{m} \cdot 0{,}300 = 660\,\text{kg}\,;$$

diese Horizontalkraft wirkt in einer Höhe $\tfrac{1}{2} \cdot h = 1{,}00\,\text{m}$ über dem neuen Terrain;

Mittelkraft aus $\hat{E}_1{}''$ und $\hat{E}_2{}''$:

$$\hat{E}'' = 960\,\text{kg} + 660\,\text{kg} = 1620\,\text{kg}\,;$$

dieselbe wirkt in einer Höhe über dem neuen Terrain:

$$= 0{,}667 + \frac{660\,\text{kg}}{1620\,\text{kg}} \cdot 0{,}333\,\text{m} = 0{,}803\,\text{m};$$

Stützweite der Wand: $l = 2{,}50\,\text{m} - 0{,}28\,\text{m} = 2{,}22\,\text{m}.$

Stützwand 2,00 m unter Straßenoberfläche:

$$\hat{p} = \frac{2 \cdot 960\,\text{kg}}{2{,}00\,\text{m}} + \frac{660\,\text{kg}}{2{,}00\,\text{m}} = 1290\,\text{kg/m};$$

$$\hat{\mathfrak{M}} = \tfrac{1}{8} \cdot 1290\,\text{kg/m} \cdot 2{,}20\,\text{m}^2 = 795\,\text{mkg};$$

$$h - a = 0{,}411 \cdot \sqrt{\frac{79\,500\,\text{cmkg}}{100\,\text{cm}}} = 11{,}6\,\text{cm}; \quad h = 13{,}1\,\text{cm};$$

$$F_e = 0{,}00228 \cdot \sqrt{79\,500\,\text{cmkg} \cdot 100\,\text{cm}} = 6{,}43\,\text{cm}^2;$$

$$13 \times d = 8\,\text{mm} \quad \text{mit} \quad 6{,}54\,\text{cm}^2.$$

Stützwand 1,50 m unter Straßenoberfläche:

$$\hat{p} = \frac{1{,}50\,\text{m}}{2{,}00\,\text{m}} \cdot 960\,\text{kg/m} + 330\,\text{kg/m} = 1050\,\text{kg/m};$$

$$\hat{\mathfrak{M}} = \tfrac{1}{8} \cdot 1050\,\text{kg/m} \cdot 2{,}22\,\text{m}^2 = 647\,\text{mkg};$$

$$h - a = 0{,}411 \cdot \sqrt{\frac{64\,700\,\text{cmkg}}{100\,\text{cm}}} = 10{,}4\,\text{cm}; \quad h = 11{,}9\,\text{cm};$$

$$F_e = 0{,}00228 \cdot \sqrt{64\,700\,\text{cmkg} \cdot 100\,\text{cm}} = 5{,}79\,\text{cm}^2;$$

$$11\tfrac{1}{2} \times d = 8\,\text{mm} \quad \text{mit} \quad 5{,}78\,\text{cm}^2.$$

Desgl. 1,00 m unter Straßenoberfläche:

$$\hat{p} = \frac{1{,}00\,\text{m}}{2{,}00\,\text{m}} \cdot 960\,\text{kg/m} + 330\,\text{kg/m} = 810\,\text{kg/m};$$

$$\hat{\mathfrak{M}} = \tfrac{1}{8} \cdot 810\,\text{kg/m} \cdot 2{,}22\,\text{m}^2 = 499\,\text{mkg};$$

$$h - a = 0{,}411 \cdot \sqrt{\frac{49\,900\,\text{cmkg}}{100\,\text{cm}}} = 9{,}2\,\text{cm}; \quad h = 10{,}7\,\text{cm};$$

$$F_e = 0{,}00228 \cdot \sqrt{49\,900\,\text{cmkg} \cdot 100\,\text{cm}} = 5{,}08\,\text{cm}^2;$$

$$10 \times d = 8\,\text{mm} \quad \text{mit} \quad 5{,}03\,\text{cm}^2.$$

Desgl. 0,50 m unter Straßenoberfläche:

$$\hat{p} = \frac{0{,}50\,\text{m}}{2{,}00\,\text{m}} \cdot 960\,\text{kg/m} + 330\,\text{kg/m} = 570\,\text{kg/m};$$

$$\hat{\mathfrak{M}} = \tfrac{1}{8} \cdot 570\,\text{kg/m} \cdot 2{,}22\,\text{m}^2 = 351\,\text{mkg};$$

$$h - a = 0{,}411 \cdot \sqrt{\frac{35\,100\,\text{cmkg}}{100\,\text{cm}}} = 7{,}7\,\text{cm}; \quad h = 9{,}2\,\text{cm};$$

$$F_e = 0{,}00228 \cdot \sqrt{35\,100\,\text{cmkg} \cdot 100\,\text{cm}} = 4{,}26\,\text{cm}^2;$$

$$8\tfrac{1}{2} \times d = 8\,\text{mm} \quad \text{mit} \quad 4{,}27\,\text{cm}^3.$$

4. **Pfostenquerschnitt bei A_1**: Gleichmäßig verteilte Belastung durch den Erddruck auf die Stützwand in Höhe des Auflagers A_1:

$$\hat{p} = \frac{1,05 \text{ m}}{2,00 \text{ m}} \cdot 960 \text{ kg/m} + 330 \text{ kg/m} = 834 \text{ kg/m};$$

Mittelkraft des gesamten Erddruckes zwischen A_1 und der Straßenoberfläche:

$$\hat{H}_1 = \frac{330 \text{ kg/m}^2 + 834 \text{ kg/m}^2}{2} \cdot 2,50 \text{ m} \cdot 1,05 \text{ m} = 1528 \text{ kg};$$

diese Horizontalkraft wirkt in einem Abstand über dem Auflager A_1:

$$s_1 = \frac{1,05 \text{ m}}{3} \cdot \frac{834 \text{ kg/m}^2 + 2 \cdot 330 \text{ kg/m}^2}{834 \text{ kg/m}^2 + 330 \text{ kg/m}^2} = 0,449 \text{ m};$$

Maximalbelastungsmoment für den Pfostenquerschnitt bei A_1:

$$\hat{\mathfrak{M}} = 1528 \text{ kg} \cdot 0,449 \text{ m} = 686 \text{ mkg};$$

$$h = 29 \text{ cm}; \; b = 18 \text{ cm} - 2,2 \text{ cm} = 15,8 \text{ cm}; \; a = a' = 1,7 \text{ cm};$$

$$F_e = F_e' = 6,61 \text{ cm}^2 \, (2 \times d = 14 \text{ mm} + 2 \times d = 15 \text{ mm});$$

$$x = - \frac{\overset{12,55}{15 \cdot 2 \cdot 6,61 \text{ cm}^2}}{15,8 \text{ cm}} + \sqrt{157,5 \text{ cm}^2 + 12,55 \text{ cm} \cdot 29 \text{ cm}} = 10,3 \text{ cm};$$

$$\hat{\sigma}_b =$$

$$\frac{68\,600 \text{ cmkg}}{\dfrac{15,8 \text{ cm} \cdot 10,3 \text{ cm}}{2} \cdot (27,3 \text{ cm} - 3,43 \text{ cm}) + 15 \cdot 6,61 \text{ cm}^2 \cdot \dfrac{8,6 \text{ cm}}{10,3 \text{ cm}} \cdot 25,6 \text{ cm}} =$$

$$= 16,8 \text{ kg/cm}^2;$$

$$\hat{\sigma}_e = \frac{15 \cdot 16,8 \text{ kg/cm}^2}{10,3 \text{ cm}} \cdot (27,3 \text{ cm} - 10,3 \text{ cm}) = 417 \text{ kg/cm}^2;$$

$$\hat{\sigma}_e' = \frac{15 \cdot 16,8 \text{ kg/cm}^2}{10,3 \text{ cm}} \cdot (10,3 \text{ cm} - 1,7 \text{ cm}) = 211 \text{ kg/cm}^2.$$

Der Pfostenquerschnitt ist bei A_1 durch die schmale Zwischenbeilage um 140/8 mm verschwächt, was bei der Berechnung der Spannung $\hat{\sigma}_b$ nicht berücksichtigt worden ist; bei der niedrigen Beanspruchung des Betons ist der Querschnitt jedoch noch genügend.

5. **Pfostenquerschnitt zwischen A_1 und B.** Für die Berechnung des Pfostenquerschnittes zwischen A_1 und B wird der ungünstigste Belastungsfall angenommen, daß nämlich $A_2 = 0$ ist und das Auflager daselbst nicht zur Wirkung kommt.

Gesamtbelastung durch den Erddruck zwischen A_1 und A_2:

$$\hat{H}_2 = 2,50 \text{ m} \cdot \frac{834 \text{ kg/m}^2 + 906 \text{ kg/m}^2}{2} \cdot 0,15 \text{ m} = 328 \text{ kg};$$

Abstand dieser Horizontalkraft über dem Auflager A_2:

$$s_2 = \frac{0{,}15\,\text{m}}{3} \cdot \frac{906\,\text{kg/m}^2 + 2 \cdot 834\,\text{kg/m}^2}{906\,\text{kg/m}^2 + 834\,\text{kg/m}^2} = 0{,}074\,\text{m}.$$

Gesamtbelastung durch den Erddruck zwischen dém neuen Terrain und dem Auflager A_2:

$$\hat{H}_3 = 2{,}50\,\text{m} \cdot \frac{906\,\text{kg/m}^2 + 1290\,\text{kg/m}^2}{906\,\text{kg/m}^2 + 1290\,\text{kg/m}^2} \cdot 0{,}80\,\text{m} = 2195\,\text{kg};$$

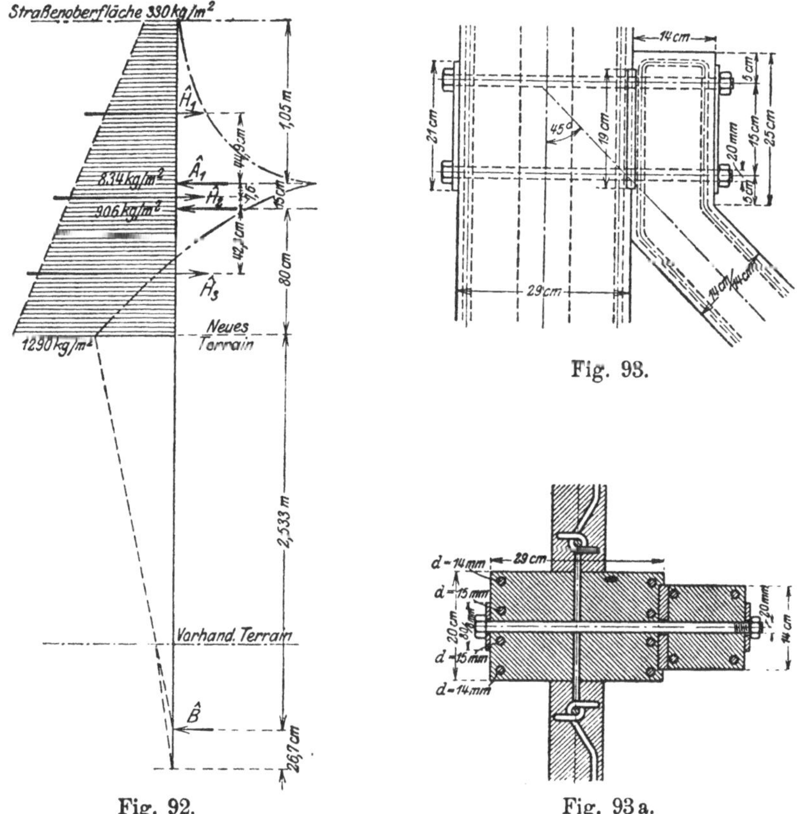

Fig. 92.   Fig. 93.   Fig. 93a.

Abstand dieser Horizontalkraft von dem Auflager A_2:

$$s_3 = \frac{0{,}80\,\text{m}}{3} \cdot \frac{2 \cdot 1290\,\text{kg/m}^2 + 906\,\text{kg/m}^2}{1290\,\text{kg/m}^2 + 906\,\text{kg/m}^2} = 0{,}423\,\text{m};$$

Auflagerdrucke: $\quad \hat{A}_1 = 1528\,\text{kg} \cdot \dfrac{3{,}333\,\text{m} + 0{,}15\,\text{m} + 0{,}449\,\text{m}}{3{,}333\,\text{m} + 0{,}15\,\text{m}} +$

$$+ 328\,\text{kg} \cdot \frac{3{,}333\,\text{m} + 0{,}15\,\text{m} - 0{,}076\,\text{m}}{3{,}333\,\text{m} + 0{,}15\,\text{m}} +$$

$$+ 2195\,\text{kg} \cdot \frac{3{,}333\,\text{m} - 0{,}423\,\text{m}}{3{,}333\,\text{m} + 0{,}15\,\text{m}} = 3870\,\text{kg};$$

$$\hat{B} = -1528 \cdot \frac{0,449\,\mathrm{m}}{3,483\,\mathrm{m}} + 328\,\mathrm{kg} \cdot \frac{0,076\,\mathrm{m}}{3,483\,\mathrm{m}} + 2195\,\mathrm{kg} \cdot \frac{0,573\,\mathrm{m}}{3,483\,\mathrm{m}} = 171\,\mathrm{kg};$$

Belastungsmoment 2,533 m über B:

$$\hat{\mathfrak{M}}_1 = -171\,\mathrm{kg} \cdot 2,533\,\mathrm{m} = -433\,\mathrm{mkg};$$

desgl. bei A_2:

$$\hat{\mathfrak{M}}_2 = 2195\,\mathrm{kg} \cdot 0,423\,\mathrm{m} - 171\,\mathrm{kg} \cdot 3,333\,\mathrm{m} = 359\,\mathrm{mkg};$$

desgl. bei A_1:

$$\hat{\mathfrak{M}}_3 = 2195\,\mathrm{kg} \cdot 0,573\,\mathrm{m} + 328\,\mathrm{kg} \cdot 0,076\,\mathrm{m} - 171\,\mathrm{kg} \cdot 3,483\,\mathrm{m} = 686\,\mathrm{mkg};$$

der gefährliche Querschnitt ist demnach bei A_1; der vorhandene Querschnitt ist, wie bereits unter 4. nachgewiesen worden ist, genügend.

6. **Strebe**: a) Beanspruchung der Strebe auf Zug durch den Erddruck zwischen dem vorhandenen und dem neuen Terrain:

$$\hat{Z} = 2,50\,\mathrm{m} \cdot 532\,\mathrm{kg} \cdot 1,414 = 1880\,\mathrm{kg};$$

für $\hat{\sigma}_e = 1200\,\mathrm{kg/cm^2}$ ist der für Zug erforderliche Eisenquerschnitt:

$$F_e = \frac{1880\,\mathrm{kg}}{1200\,\mathrm{kg/cm^2}} = 1,57\,\mathrm{cm^2};$$ vorhanden sind $4 \times d = 10\,\mathrm{mm}$ mit $3,14\,\mathrm{cm^2}$; es wird angenommen, daß der gesamte Zug von den Eisen allein aufgenommen werden muß, weil bei vorkommenden Haarrissen im Beton mit einer Zugbeanspruchung desselben doch nicht gerechnet werden kann.

b) Beanspruchung der Strebe auf Druck durch den Erddruck zwischen dem neuen Terrain und der Straßenoberfläche:

$$\hat{D} = 1,414 \cdot 3870\,\mathrm{kg} = 5472\,\mathrm{kg};$$

$$\hat{\sigma}_b = \frac{5472\,\mathrm{kg}}{14\,\mathrm{cm} \cdot 14\,\mathrm{cm} + 15 \cdot 3,14\,\mathrm{cm^2}} = 22,5\,\mathrm{kg/cm^2};$$

$$\hat{\sigma}_e = 15 \cdot 22,5\,\mathrm{kg/cm^2} = 338\,\mathrm{kg/cm^2}.$$

7. **Leibungsdruck der Verbindungsschrauben zwischen Pfosten und Strebe auf den anliegenden Beton.**

Zur Verminderung des Leibungsdruckes der Bolzen auf den Beton wird zwischen Pfosten und Strebe eine Eisenplatte 140/16 mm 19 cm lang beigelegt; der Leibungsdruck beträgt:

$$\hat{\sigma}_b = \frac{5472\,\mathrm{kg}}{14\,\mathrm{cm} \cdot (0,8\,\mathrm{cm} + 2 \cdot 2,0\,\mathrm{cm})} = 81,4\,\mathrm{kg/cm^2};$$

da bei gut angezogenen Verbindungsschrauben der gesamte Leibungsdruck doch nicht wirksam ist, so ist der verhältnismäßig hohe Flächendruck zulässig (s. § 18 Abs. 9 der minist. Best.).

8. **Fundamentplatte der Strebe**: Beanspruchung der Fundamentplatte durch den Zug in der Strebe im Falle 6, a):

$$Z = 1880 \text{ kg};$$

Horizontal- und Vertikalkomponente:

$$\hat{H} = \hat{V} = 1330 \text{ kg};$$

spezifischer Flächendruck der Fundamentplatte auf das Erdreich in horizontaler Richtung:

$$\hat{\gamma} = \frac{1330 \text{ kg}}{64 \text{ cm} \cdot 60 \text{ cm}} = 0,35 \text{ kg/cm}^2;$$

das der Vertikalkomponente $\hat{V}$ entgegenwirkende Gewicht des auf der Fundamentplatte und dem anstoßenden Teil der Strebe ruhenden Erdreich beträgt einschließlich dem Eigengewicht:

$$\begin{aligned}
\hat{G} = {} &(0{,}64 \text{ m} \cdot 0{,}60 \text{ m} + 0{,}14 \text{ m} \cdot 0{,}50 \text{ m}) \cdot 2{,}40 \text{ m} \cdot \\
&\cdot 1600 \text{ kg/m}^3 + + (0{,}60 \text{ m} \cdot 0{,}60 \text{ m} \cdot 0{,}30 \text{ m} + \\
&+ 0{,}14 \text{ m} \cdot 0{,}14 \text{ m} \cdot \tfrac{1}{2} \cdot 4{,}70 \text{ m}) \cdot 2400 \text{ kg/m}^3 = \\
= {} &2105 \text{ kg};
\end{aligned}$$

da $\hat{G} > \hat{V}$ ist ein Herausziehen der Strebe aus dem Erdreich ausgeschlossen.

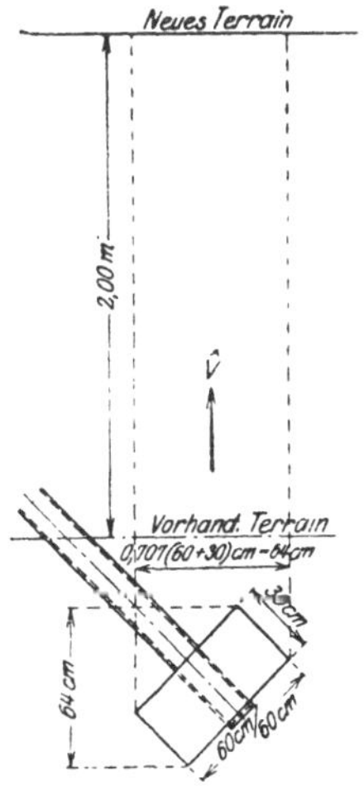

Beanspruchung der Fundamentplatte durch den Druck im Falle 6, b):

$$\hat{D} = 5472 \text{ kg};$$

Fig. 94.

spezifischer Flächendruck der Fundamentplatte auf das Erdreich:

$$\hat{\gamma} = \frac{5472 \text{ kg}}{60 \text{ cm} \cdot 60 \text{ cm}} = 1,52 \text{ kg/cm}^2;$$

die Vertikalkomponente von $\hat{D}$, welche den Pfosten herauszuziehen sucht, ist: $\hat{V} = 3870 \text{ kg}$; dieser Vertikalkraft wirkt entgegen das Eigengewicht des Pfostens, der Stützwand für 1 Feld, der halben Strebe einschließlich dem darauf ruhenden Erdreich und die Reibung des an der Stützwand zwischen neuem Terrain und Straßenoberfläche anliegenden Erdreiches:

$$\begin{aligned}
\hat{G} = {} &(0{,}18 \text{ m} \cdot 0{,}29 \text{ m} \cdot 4{,}80 \text{ m} + 0{,}10 \text{ m} \cdot 0{,}09 \text{ m} \cdot 1{,}50 \text{ m} + \\
&+ 0{,}105 \text{ m} \cdot 2{,}32 \text{ m} \cdot 4{,}00 \text{ m} + 0{,}14 \text{ m} \cdot 0{,}14 \text{ m} \cdot 2{,}70 \text{ m}) \cdot 2400 \text{ kg/m}^3 + \\
&+ 1{,}77 \text{ m} \cdot 0{,}14 \text{ m} \cdot 0{,}35 \text{ m} \cdot 1600 \text{ kg/m}^3 + 0{,}30 \cdot 1620 \text{ kg/m} \cdot 2{,}50 \text{ m} = \\
= {} &4456 \text{ kg};
\end{aligned}$$

da $\hat{G} > \hat{V}$ ist ein Herausziehen des Pfostens aus dem Erdreich ausgeschlossen.

Eisenverzeichnis für 1 Feld:

1) 4 Stück d = 14 mm 4,91 m lang, äußere Vertikaleisen zu den Pfosten,

   4 Stück d = 15 mm 3,80 m lang, ohne Haken, mittlere desgl. 0,50 m ab beiden Enden,

2) 9 Bügel d = 6 mm 1,00 m lang, Bügel zu den Pfosten;

3) 21 Stück d = 10 mm 0,40 m lang horizontale Rundeisen in dem Pfosten;

   2 Stück d = 10 mm 3,98 m lang, ohne Haken, vertikale Rundeisen zu beiden Seiten des Pfostens;

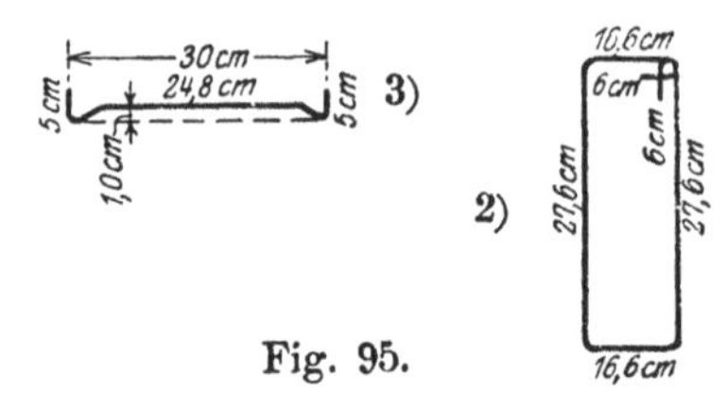

Fig. 95.

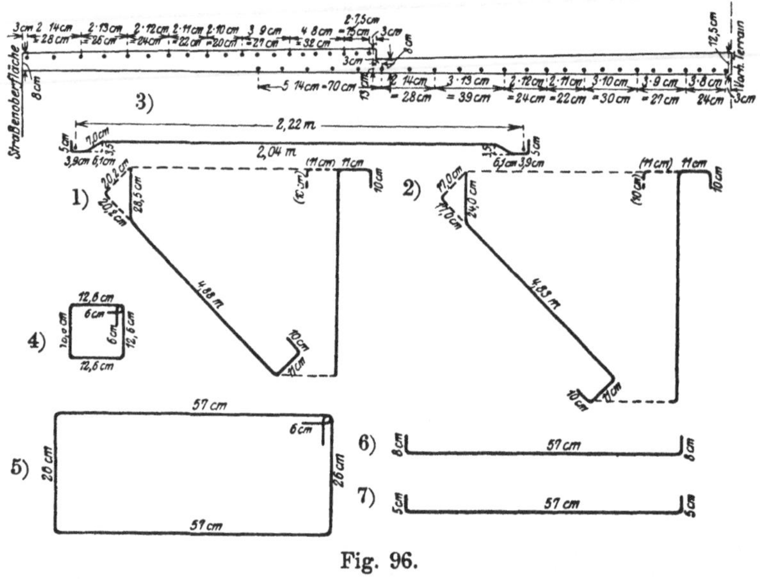

Fig. 96.

1) 2 Stück d = 10 mm 5,585 m lang untere Strebeneisen (1 Stück rechts, 1 Stück links);

2) 2 Stück d = 10 mm 5,49 m lang, obere Strebeneisen (1 Stück rechts, 1 Stück links);

3) 44 Wandeisen d = 8 mm 2,36 m lang;

4) 9 Bügel d = 6 mm 62 cm lang für die Strebe;

5) 2 Stück d = 15 mm 73 cm lang, Quereisen in der Strebe zur Befestigung der Fundamentplatte;

6) 2 Stück d = 10 mm 1,78 m lang, Anhängeeisen in der Fundamentplatte;

7) 4 Stück d = 10 mm 67 cm lang, Verbindungseisen hierzu.

Beispiel 24: Gewendelte Eisenbetontreppe: Die in dem nebenstehenden Grundriß skizzierte Treppe soll in Eisenbeton ausgeführt werden.

a) Decke für den unteren und für den oberen Seitenlauf: Die Deckeneisen liegen auf der einen Seite auf dem Unterzug an der Antritts- bzw. an der Austrittsstufe auf; auf der anderen Seite greifen sie in eine mindestens 7 cm tiefe in die Wand eingestemmte Nut. Die Dekkeneisen des Zwischenpodestes kreuzen an dem einen Ende· die Deckeneisen des unteren und an dem anderen Ende diejenigen des oberen Seitenlaufes; die Belastung über den sich kreuzenden Eiseneinlagen verteilt sich

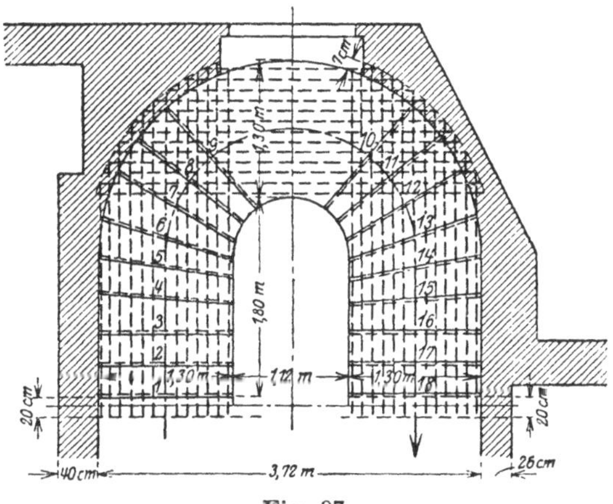

Fig. 97.

je zur Hälfte auf die beiden ineinandergreifenden Decken. Die Enden der Eiseneinlagen des Zwischenpodestes greifen auf beiden Seiten in die mindestens 7 cm tiefe Nut in der Wand.

Die größte Stützweite für die Seitenläufe ist:

$$\tfrac{1}{2} \cdot 0{,}20\,\mathrm{m} + 1{,}80\,\mathrm{m} + 1{,}20\,\mathrm{m} + \tfrac{1}{2} \cdot 0{,}183\,\mathrm{m} = 3{,}19\,\mathrm{m};$$

die Stützweite, in der Mittellinie des Laufes gemessen, ist:

$$\tfrac{1}{2} \cdot 0{,}20\,\mathrm{m} + 1{,}80\,\mathrm{m} + 0{,}82\,\mathrm{m} + \tfrac{1}{2} \cdot 0{,}183\,\mathrm{m} = 2{,}81\,\mathrm{m};$$

für die Berechnung wird eine Stützweite zugrunde gelegt $l = 3{,}03\,\mathrm{m}$; Streckenlasten (Decke, Stufen, Nutzlast und Belag):

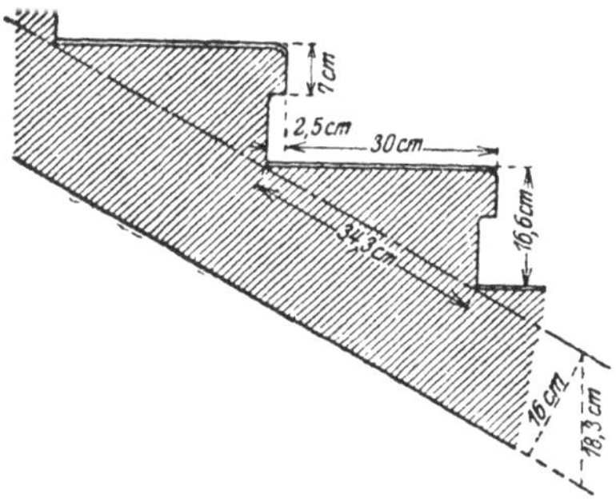

Fig. 98.

$$\hat{p}_1 = 1{,}30\,\mathrm{m} \cdot \left[0{,}183\,\mathrm{m} \cdot 2400\,\mathrm{kg/m^3} + \left(\tfrac{1}{2} \cdot 0{,}166\,\mathrm{m} + 0{,}025\,\mathrm{m} \cdot \frac{7\,\mathrm{cm}}{30\,\mathrm{cm}} \right) \cdot 2200\,\mathrm{kg/m^3} + 500\,\mathrm{kg/m^2} + 10\,\mathrm{kg/m^2} \cdot \frac{32{,}5\,\mathrm{cm}}{30\,\mathrm{cm}} \right] =$$

$$= 1491\,\mathrm{kg/m}; \quad \hat{p}_2 = \tfrac{1}{2} \cdot 1491\,\mathrm{kg/m} = 746\,\mathrm{kg/m};$$

Auflagerdruck:

$$\hat{A} = 1491\ \text{kg/m} \cdot 1,90\ \text{m} \cdot \frac{2,08\ \text{m}}{3,03\ \text{m}} + 746\ \text{kg/m} \cdot 1,13\ \text{m} \cdot \frac{0,565\ \text{m}}{3,03\ \text{m}} = 2098\ \text{kg};$$

gefährlicher Querschnitt: $x = \dfrac{2098\ \text{kg}}{1491\ \text{kg/m}} = 1,41$;

$$\hat{\mathfrak{M}}_{max} = 1491\ \text{kg/m} \cdot \frac{1,41\ \text{m}^2}{2} = 1484\ \text{mkg}.$$

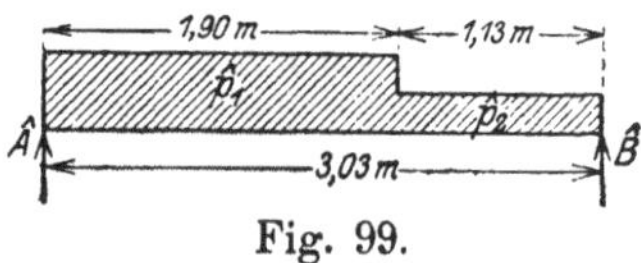

Fig. 99.

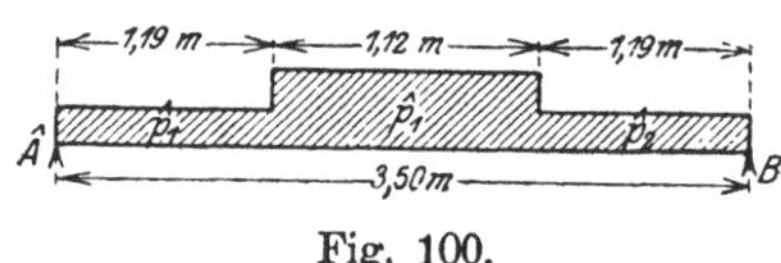

Fig. 100.

b) Zwischenpodest, zwischen dem unteren und oberen Seitenlauf: Die größte Stützweite ist: $3,72\ \text{m} + 0,183\ \text{m} = 3,91\ \text{m}$; die Stützweite in der Mittellinie der Platte ist: $2,70\ \text{m} + 0,183\ \text{m} = 2,88\ \text{m}$; für die Berechnung wird eine Stützweite angenommen: $l = 3,50\ \text{m}$; Streckenlast in der Mitte

$$\hat{p}_1 = 1,30\ \text{m} \cdot (439\ \text{kg/m}^2 + 500\ \text{kg/m}^2 + 10\ \text{kg/m}^2) = 1234\ \text{kg/m};$$

desgl. an beiden Enden:

$$\overset{\shortmid}{p}_2 = 1491\ \text{kg/m} - 746\ \text{kg/m} = 745\ \text{kg/m};$$

$$\hat{A} = \tfrac{1}{2} \cdot 1234\ \text{kg/m} \cdot 1,12\ \text{m} + 745\ \text{kg/m} \cdot 1,19\ \text{m} = 1578\ \text{kg} = \hat{B};$$

$$\hat{\mathfrak{M}}_{max} = 1578\ \text{kg} \cdot 1,75\ \text{m} - 1234\ \text{kg/m} \cdot \frac{0,56\ \text{m}^2}{2} - 745\ \text{kg/m} \cdot 1,19 \cdot 1,155\ \text{m} =$$

$$= 1548\ \text{mkg};$$

$$h - a = 0,411 \cdot \sqrt{\frac{154\,800\ \text{cmkg}}{130\ \text{cm}}} = 14,1\ \text{cm}; \quad h = 16\ \text{cm};$$

$$F_e = 0,00228 \cdot \sqrt{154\,800\ \text{cmkg} \cdot 130\ \text{cm}} = 10,2\ \text{cm}^2; \quad 13 \times d = 10\ \text{cm}$$
$$\text{mit } 10,2\ \text{cm}^2.$$

c) Unterzug an der Antrittsstufe zur Unterstützung des unteren Stiegenlaufes, mit der Annahme, daß derselbe nicht durch eine anstoßende Decke belastet wird:

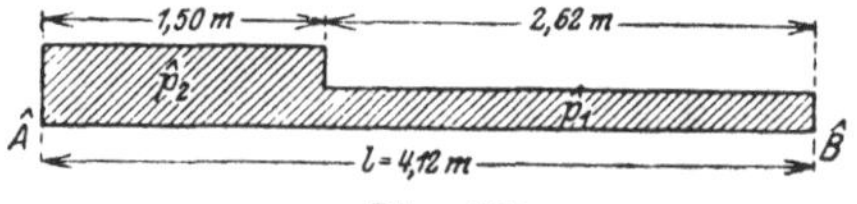

Fig. 101.

$$l = 3,72\ \text{m} + 0,40\ \text{m} = 4,12\ \text{m};$$

$$\hat{p}_1 = 0,20\ \text{m} \cdot 0,45\ \text{m} \cdot 2400\ \text{kg/m}^3 = 216\ \text{kg/m};$$

$$\hat{p}_2 = 2098\ \text{kg/m} + \tfrac{1}{2} \cdot 0,20\ \text{m} \cdot 1491\ \text{kg/m}^2 +$$
$$+ 0,267\ \text{m} \cdot 0,20\ \text{m} \cdot 2400\ \text{kg/m}^3 = 2375\ \text{kg/m};$$

$$\hat{A} = 2375 \text{ kg/m} \cdot 1,50 \text{ m} \cdot \frac{3,37 \text{ m}}{4,12 \text{ m}} + 216 \text{ kg/m} \cdot 2,62 \text{ m} \cdot \frac{1,31 \text{ m}}{4,12 \text{ m}} =$$
$$= 3092 \text{ kg};$$

$$\hat{B} = 648 \text{ kg} + 381 \text{ kg} = 1029 \text{ kg};$$

$$x' = \frac{3092 \text{ kg}}{2375 \text{ kg/m}} = 1,30 \text{ m};$$

$$\hat{\mathfrak{M}}_{max} = 2375 \text{ kg/m} \cdot \frac{1,30 \text{ m}^2}{2} = 2007 \text{ mkg}; \quad b = 0,20 \text{ m};$$

$$h - a = 0,411 \cdot \sqrt{\frac{200\,700 \text{ cmkg}}{20 \text{ cm}}} = 41,7 \text{ cm}; \quad h = 45 \text{ cm};$$

$$F_e = 0,00228 \cdot \sqrt{200\,700 \text{ cmkg} \cdot 20 \text{ cm}} = 4,57 \text{ cm}^2; \quad 4 \times d = 12 \text{ mm}$$
$$\text{mit } 4,52 \text{ cm}^2.$$

$$x = 0,333 \cdot 41,7 \text{ cm} + 13,9 \text{ cm};$$

$$\hat{\tau}_0 = \frac{3092 \text{ kg}}{20 \text{ cm} \cdot (41,7 \text{ cm} - 4,6 \text{ cm})} = 4,2 \text{ kg/cm}^2;$$

$$c = \frac{4,2 \text{ kg/cm}^2 - 4,0 \text{ kg/cm}^2}{4,2 \text{ kg/cm}^2} \cdot \frac{4,12 \text{ m}}{2} = 0,10 \text{ m};$$

$$F_e = \frac{0,294}{1000} \cdot 10 \text{ cm} \cdot 20 \text{ cm} \cdot (4,2 \mid 4,0) \text{ kg/cm}^2 = 0,48 \text{ cm}^2;$$

2 Rundeisen werden an beiden Enden hochgebogen und außerdem noch 8 Rundeisenbügel d = 6 mm angebracht.

$$\hat{\tau}_1 = \frac{20 \text{ cm} \cdot 4,2 \text{ kg/cm}^2}{4 \cdot 1,2 \text{ cm} \cdot 3,14} = 0,6 \text{ kg/cm}^2.$$

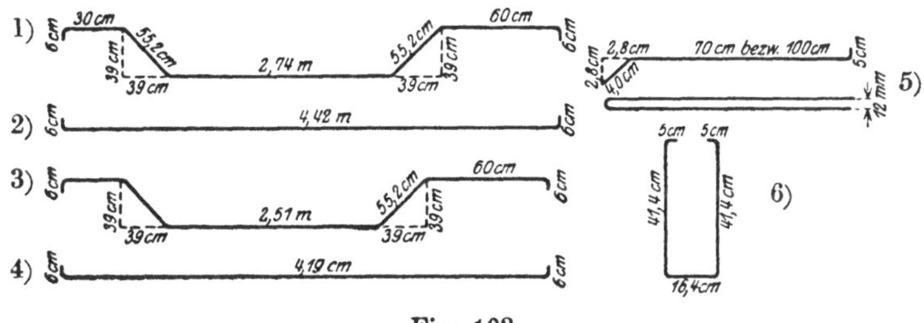

Fig. 102.

d) **Unterzug an der Austrittsstufe zur Unterstützung des oberen Stiegenlaufes:** $l = 3,72 \text{ m} + 0,26 \text{ m} = 3,98 \text{ m}$; Streckenlasten wie bei c; Querschnitt und Eiseneinlagen wie c).

Fig. 103.

Éisenverzeichnis:

1) 2 Stück Rundeisen, äußere, für den unteren Unterzug d = 12 mm, 4,864 m lang;
2) 2 Stück desgl. mittl., desgl. 4,54 m lang;
3) 2 Stück Rundeisen, äuß., für den oberen Unterzug d = 12 mm, 4,634 m lang;
4) 2 Stück desgl. mittl., desgl. 4,31 m lang;

5) { 4 Stück Schlaufen d = 6 mm, 1,59 m lang;
{ 4 Stück desgl., desgl. 2,19 m lang;
{ 8 Stück d = 10 mm, 5 cm lang, Quereisen hierzu;

6) 16 Stück Bügel d = 6 mm, 1,092 m lang.

Die 13 Deckeneisen d = 10 mm für das Zwischenpodest zwischen dem unteren und oberen Seitenlauf werden nach Fertigstellung der Schalung auf derselben angerissen und die genaue Länge dieser Eisen so abgemessen, daß dieselben an beiden Enden mindestens je 7 cm auf dem Mauerwerk aufliegen, nachdem an beiden Enden je 5 cm lange Haken angebogen worden sind; diese 13 Eisen bilden die untere Lage; sodann werden die 13 Eisen für den unteren Stiegenlauf und auch die 13 Eisen für den oberen Stiegenlauf in gleicher Weise auf der Schalung angerissen und nach Feststellung der genauen Länge ebenfalls an beiden Enden mit je 5 cm langen Haken versehen und in der oberen Lage verlegt.

Beispiel 25: Galerie in einem Lesesaal.

An der einen Längsseite und an der einen Querseite des Saales besteht die Galerie aus einem Konsol von dem nebenskizzierten Querschnitt und ist in die Umfassungswand eingemauert. Der Grundriß (s. nebenstende Fig.) zeigt die Abmessungen für ein halbes Feld. Die Belastung des aus der Wand herausragenden Konsolsteiles durch Nutzlast, Belag und Eigengewicht des oberen rechteckigen Teiles des Konsoles beträgt (Nutzlast, Belag und Eigengewicht):

$$\hat{P}' = 1{,}78 \text{ m} \cdot 1{,}30 \text{ m} \cdot (500 \text{ kg/m}^2 + 50 \text{ kg/m}^2 + 0{,}08 \text{ m} \cdot 2400 \text{ kg/m}^3) =$$
$$= 1717 \text{ kg};$$

diese Vertikalkraft wirkt in einem Abstand $= \tfrac{1}{2} \cdot 1{,}30 \text{ m} = 0{,}650 \text{ m}$ von der Wand; die Belastung des aus der Wand herausragenden Konsolteiles durch das Eigengewicht des unteren dreieckigen Teiles beträgt:

$$\hat{P}'' = 1{,}78 \text{ m} \cdot 1{,}30 \text{ m} \cdot \tfrac{1}{2} \cdot 0{,}045 \text{ m} \cdot 2400 \text{ kg/m}^3 = 125 \text{ kg};$$

diese Vertikalkraft wirkt in einem Abstand $= \tfrac{1}{3} \cdot 1{,}30 \text{ m} = 0{,}433 \text{ m}$ von der Wand. Die Gesamtbelastung des aus der Wand herausragenden Konsolteiles beträgt:

$$\hat{P} = 1717 + 125 = 1842 \text{ kg};$$

dieselbe wirkt in einem Abstand

$$= 0,433\,\text{m} + \frac{1717\,\text{kg}}{1842\,\text{kg}} \cdot 0,207\,\text{m} = 0,635\,\text{m}$$

von der Wand. Die Belastung der Konsolplatte erzeugt durch den eingemauerten Teil derselben einen spez. Flächendruck auf das Mauerwerk und zwar beträgt die Kantenpressung an der inneren Seite des Mauerwerkes: $\hat{\sigma}_{max1}$; dieser spez. Flächendruck nimmt auf

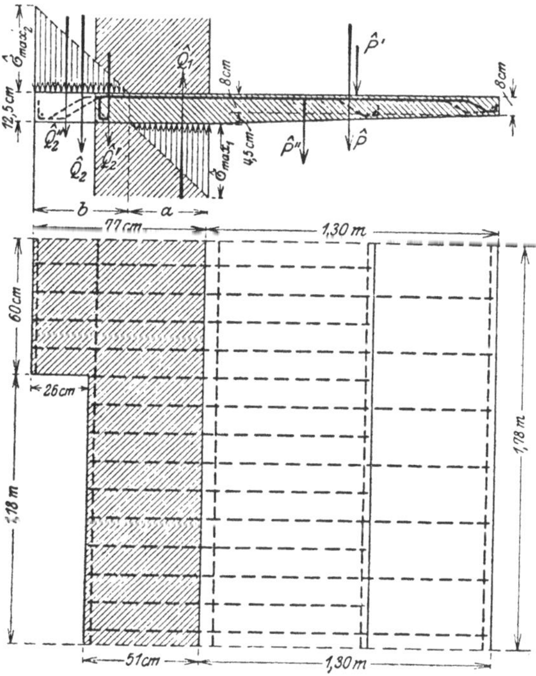

Fig. 104.

der unteren Seite gleichmäßig ab bis zu 0 und nimmt dann auf der oberen Seite gleichmäßig zu bis die Kantenpressung $\hat{\sigma}_{max2}$ an der äußeren Seite der Mauer erreicht ist (s. Fig.)

$$\hat{\sigma}_{max2} = \frac{b}{a} \cdot \hat{\sigma}_{max1};$$

$a + b = 77\,\text{cm}$; die Mittelkraft des spez. Flächendruckes auf der unteren Seite (für 1 halbes Feld) ist:

$$\hat{Q}_1 = 178\,\text{cm} \cdot a \cdot \frac{\hat{\sigma}_{max1}}{2};$$

desgl. auf der oberen Seite des eingemauerten Teiles der Konsolplatte:

$$\hat{Q}_2 = \hat{Q}_2{}' + \hat{Q}_2{}'' = 118\,\text{cm} \cdot \frac{b - 26\,\text{cm}}{b} \cdot \frac{\hat{\sigma}_{max2}}{2} + 60\,\text{cm} \cdot b \cdot \frac{\hat{\sigma}_{max2}}{2};$$

Entfernung der Vertikalkraft $\hat{Q}_2{}'$ von der Außenfläche Mauer

$$q_2{}' = 26\,\text{cm} + \frac{b - 26\,\text{cm}}{3};$$

desgl. der Vertikalkraft

$$\hat{Q}_2{}'' : q_2{}'' = \frac{b}{3};$$

Entfernung der Vertikalkraft $\hat{Q}_2$ von der Außenfläche Mauer:

$$q_2 = \frac{b}{3} + \frac{\hat{Q}_2{}'}{\hat{Q}_2} \cdot \left[\tfrac{2}{3}\,b - \tfrac{2}{3}\,(b - 26\,\text{cm})\right] = \frac{b}{3} + \frac{\hat{Q}_2{}'}{\hat{Q}_2} \cdot 26\,\text{cm};$$

$$\hat{P} \cdot \left(63{,}5\,\text{cm} + \frac{a}{3}\right) = \hat{Q}_2 \cdot \left(77\,\text{cm} - \frac{a}{3} - q_2\right);$$

$$\hat{Q}_1 = \hat{P} + \hat{Q}_2;$$

aus diesen 11 Gleichungen lassen sich die 11 Unbekannten a, b, $\hat{\sigma}_{max1}$, $\hat{\sigma}_{max2}$, $\hat{Q}_1$, $\hat{Q}_2$, $\hat{Q}_2{}'$, $\hat{Q}_2{}''$, $q_2{}'$, $q_2{}''$ und q_2 bestimmen.

Um die umständliche Auflösung dieser 11 Gleichungen zu ersparen, wurde durch Probieren gefunden:

$$a = 35{,}0\,\text{cm}; \quad b = 77{,}0\,\text{cm} - 35{,}0\,\text{cm} = 42{,}0\,\text{cm}$$

$$q_2{}' = 26\,\text{cm} + \frac{42\,\text{cm} - 26\,\text{cm}}{3} = 31{,}3\,\text{cm}; \quad q_2{}'' = \frac{42\,\text{cm}}{3} = 14{,}0\,\text{cm};$$

$$q_2 = \frac{b}{3} + \frac{\hat{Q}_2{}'}{\hat{Q}_2} \cdot 26\,\text{cm} = 14{,}0\,\text{cm} +$$

$$+ \frac{118\,\text{cm} \cdot (16{,}0\,\text{cm})^2}{118\,\text{cm} \cdot (16{,}0\,\text{cm})^2 + 60\,\text{cm}\,(42{,}0\,\text{cm})^2} = 19{,}8\,\text{cm};$$

$$\hat{Q}_2 = \frac{63{,}5\,\text{cm} + 11{,}7\,\text{cm}}{77\,\text{m} - 11{,}7\,\text{cm} - 19{,}8\,\text{cm}} \cdot 1842\,\text{kg} = 3041\,\text{kg};$$

$$\hat{Q}_1 = 3041 + 1842 = 4883\,\text{kg};$$

$$\hat{\sigma}_{max_1} = \frac{2 \cdot 4883\,\text{kg}}{178\,\text{cm} \cdot 35{,}0\,\text{cm}} = 1{,}57\,\text{kg/cm}^2;$$

$$\hat{\sigma}_{max_2} = \frac{42{,}0\,\text{cm}}{35{,}0\,\text{cm}} \cdot 1{,}57\,\text{kg/cm}^2 = 1{,}88\,\text{kg/cm}^2;$$

das geringe Eigengewicht der E.B.-Platte in der Mauer ist hiebei vernachlässigt.

$$\hat{Q}_2' = 118\,\text{cm} \cdot \frac{(16{,}0\,\text{cm})^2}{42{,}0\,\text{cm}} \cdot \frac{1{,}88\,\text{kg/cm}^2}{2} = 676\,\text{kg};$$

$$\hat{Q}_2'' = 60\,\text{cm} \cdot 42\,\text{cm} \cdot \frac{1{,}88\,\text{kg/cm}^2}{2} = 2369\,\text{kg};$$

$$\text{zusammen:}\quad \hat{Q}_2 = 3045\,\text{kg};$$

der für $\hat{Q}_2$ gefundene Wert stimmt mit dem oben für $\hat{Q}_2$ ermittelten Wert fast genau überein; es ist daher der für a angenommene Wert von 35,0 cm richtig.

Maximalbelastungsmoment für den eingemauerten Teil der Platte in einer Entfernung $= \frac{a}{3}$ von der inneren Mauerfläche, wenn von dem geringen entgegenwirkenden Moment des spezifischen Flächendruckes auf das Mauerwerk abgesehen wird:

$$\hat{\mathfrak{M}} = 1842\,\text{kg} \cdot (0{,}635\,\text{m} + 0{,}117\,\text{m}) = 1385\,\text{mkg};$$

$$h - a = 0{,}411 \cdot \sqrt{\frac{138\,500\,\text{cmkg}}{178\,\text{cm}}} = 11{,}5\,\text{cm}; \quad h = 12{,}5\,\text{cm};$$

diese Höhe ist genügend, weil in dem Mauerwerk eine Überdeckung der Eisen von 1 cm nicht erforderlich ist.

$$F_e = 0{,}00228 \cdot \sqrt{138\,500\,\text{cmkg} \cdot 178\,\text{cm}} = 11{,}3\,\text{cm}^2;$$

$$15 \times d = 10\,\text{mm} \quad \text{mit}\quad 11{,}2\,\text{cm}^2.$$

Der spezifische Flächendruck in dem Mauerwerk infolge des Eigengewichtes bei 4,90 m Höhe der Mauer über der Galerie beträgt unter der E.B.-Platte:

$$\hat{\sigma}' = \frac{(1{,}78\,\text{m} \cdot 0{,}51\,\text{m} + 0{,}60\,\text{m} \cdot 0{,}26\,\text{m}) \cdot 4{,}90\,\text{m}}{178\,\text{cm} \cdot 51\,\text{cm} + 26\,\text{cm} \cdot 60\,\text{cm}} \cdot 1800\,\text{kg/m}^3 =$$

$$= \frac{9383\,\text{kg}}{10\,638\,\text{cm}^2} = 0{,}88\,\text{kg/cm}^2;$$

die Maximalkantenpressung in dem Mauerwerk zwischen den Pfeilern ist daher außen:

$$\hat{\sigma}_{\text{max}_a}' = 0{,}88\,\text{kg/cm}^2 - \frac{42\,\text{cm} - 26\,\text{cm}}{42\,\text{cm}} \cdot 1{,}88\,\text{kg/cm}^2 = 0{,}16\,\text{kg/cm}^2;$$

innen: $\hat{\sigma}_{\text{max}_i}' = 0{,}88\,\text{kg/cm}^2 + 1{,}57\,\text{kg/cm} = 2{,}45\,\text{kg/cm}^2.$

Auf den Pfeilern ruhen außerdem noch die Deckenträger, welche die Belastung durch das Eigengewicht der E.B.-Decke (300 km/m²) und die Dachbinder, welche die Belastung von dem Eigengewicht des Daches (200 kg/m²) auf das Pfeilermauerwerk übertragen; der durch diese Belastungen in Höhe der E.B.-Platte von der Galerie erzeugte spezifische Flächendruck beträgt:

$$\hat{\sigma}'' = \frac{\frac{1}{2} \cdot 13{,}00\,\text{m} \cdot 3{,}56\,\text{m} \cdot (300 + 200)\,\text{kg/m}^2}{2 \cdot 60\,\text{cm} \cdot 77\,\text{cm}} = 1{,}25\,\text{kg/cm}^2;$$

die Maximalkantenpressungen daselbst betragen innen:

$$\hat{\sigma}_{\mathrm{max}_1}'' = 1{,}25 + 0{,}88 + 1{,}57 = 3{,}70 \ \mathrm{kg/cm}^2;$$

außen:
$$\hat{\sigma}_{\mathrm{max}_2}'' = 1{,}25 + 0{,}88 - 1{,}88 = 0{,}25 \ \mathrm{kg/cm}^2.$$

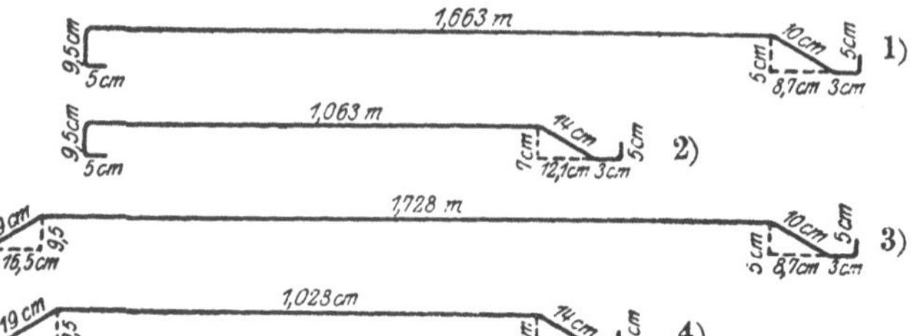

Fig. 105.

Eisenverzeichnis für 1 Feld:

1) 10 Stück $d = 10$ mm 1,988 m lang;
2) 10 Stück $d = 10$ mm 1,428 m lang;
3) 6 Stück $d = 10$ mm 2,178 m lang;
4) 4 Stück $d = 10$ mm 1,618 m lang;

   4 Stück $d = 8$ mm 3,56 m lang, 1 Stück $d = 8$ mm 1,20 m lang.

ohne Haken

Beispiel 26: Nischenüberbrückung zu Galerie in einem Lesesaal. Durch eine Nische in der Längswand des Gebäudes von $2 \cdot 3{,}395$ m $= 6{,}79$ m l. Länge wird die für das Auflager des Galeriekonsoles erforderliche Unterstützung unterbrochen. Die Verbindung wird durch einen Bogen in E.B. mit einer Stärke von

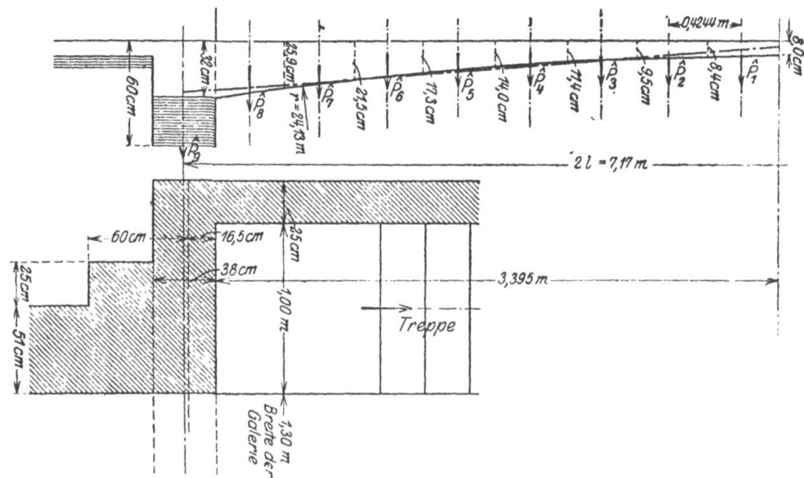

Fig. 106.

8 cm im Scheitel und von 32 cm an beiden Widerlagern hergestellt;
der Bogen ruht auf beiden Seiten auf Konsolen von 38 cm Breite
und 60 cm Höhe auf. Radius des Bogens:

$$r^2 = 3{,}395 \text{ m}^2 + (r - 0{,}24 \text{ m})^2;$$

$$r = \frac{11{,}5260 \text{ m}^2 + 0{,}0576 \text{ m}^2}{0{,}48 \text{ m}} = 24{,}13 \text{ m};$$

die Bogenhälfte wird in 8 gleiche Teile eingeteilt von der Länge

$$= \frac{3{,}395 \text{ m}}{8} = 0{,}4244 \text{ m};$$

die Stärke der Bogenstücke wurde auf rechnerischem Wege ermittelt
und in die nebenstehende Figur eingetragen. Die Belastung der
einzelnen Bogenteile durch Eigengewicht, Belag und Nutzlast ist:

$$\hat{P}_1 = 0{,}4244 \text{ m} \cdot 1{,}30 \text{ m} \cdot$$
$$\cdot \left(\frac{0{,}080 \text{ m} + 0{,}084 \text{ m}}{2} \cdot 2400 \text{ kg/m}^3 + 50 \text{ kg/m}^2 + 500 \text{ kg/m}^2 \right) = 413 \text{ kg};$$

$$\hat{P}_2 = 0{,}4244 \text{ m} \cdot 1{,}30 \text{ m} \cdot$$
$$\cdot \left(\frac{0{,}084 \text{ m} + 0{,}095 \text{ m}}{2} \cdot 2400 \text{ kg/m}^3 + 50 \text{ kg/m}^2 + 500 \text{ kg/m}^2 \right) = 422 \text{ kg};$$

$$\hat{P}_3 = 0{,}4244 \text{ m} \cdot 1{,}30 \text{ m} \cdot$$
$$\cdot \left(\frac{0{,}095 \text{ m} + 0{,}114 \text{ m}}{2} \cdot 2400 \text{ kg/m}^3 + 50 \text{ kg/m}^2 + 500 \text{ kg/m}^2 \right) = 442 \text{ kg};$$

$$\hat{P}_4 = 0{,}4244 \text{ m} \cdot 1{,}30 \text{ m} \cdot$$
$$\cdot \left(\frac{0{,}114 \text{ m} + 0{,}140 \text{ m}}{2} \cdot 2400 \text{ kg/m}^3 + 50 \text{ kg/m}^2 + 500 \text{ kg/m}^2 \right) = 472 \text{ kg};$$

$$\hat{P}_5 = 0{,}4244 \text{ m} \cdot 1{,}30 \text{ m} \cdot$$
$$\cdot \left(\frac{0{,}140 \text{ m} + 0{,}173 \text{ m}}{2} \cdot 2400 \text{ kg/m}^3 + 50 \text{ kg/m}^2 + 500 \text{ kg/m}^2 \right) = 511 \text{ kg};$$

$$\hat{P}_6 = 0{,}4244 \text{ m} \cdot 1{,}30 \text{ m} \cdot$$
$$\cdot \left(\frac{0{,}173 \text{ m} + 0{,}214 \text{ m}}{2} \cdot 2400 \text{ kg/m}^3 + 50 \text{ kg/m}^2 + 500 \text{ kg/m}^2 \right) = 560 \text{ kg};$$

$$\hat{P}_7 = 0{,}4244 \text{ m} \cdot 1{,}30 \text{ m} \cdot$$
$$\cdot \left(\frac{0{,}214 \text{ m} + 0{,}263 \text{ m}}{2} \cdot 2400 \text{ kg/m}^3 + 50 \text{ kg/m}^2 + 500 \text{ kg/m}^2 \right) = 620 \text{ kg};$$

$$\hat{P}_8 = 0{,}4244 \text{ m} \cdot 1{,}30 \text{ m} \cdot$$
$$\cdot \left(\frac{0{,}263 \text{ m} + 0{,}320 \text{ m}}{2} \cdot 2400 \text{ kg/m}^3 + 50 \text{ kg/m}^2 + 500 \text{ kg/m}^2 \right) = 690 \text{ kg};$$

$$\hat{P}_9 = 0{,}38 \text{ m} \cdot 1{,}30 \text{ m} \cdot$$
$$\cdot \left(\frac{0{,}32 \text{ m} + 0{,}60 \text{ m}}{2} \cdot 2400 \text{ kg/m}^3 + 50 \text{ kg/m}^2 + 500 \text{ kg/m}^2 \right) = 817 \text{ kg};$$

die Gesamtbelastung einer Bogenhälfte ist:

$$\hat{P} = \Sigma^9, \quad \hat{P} = 4947 \, \text{kg};$$

$\hat{P}_1$ und $\hat{P}_2$ ergeben eine Mittelkraft $\hat{P}_{1-2} = 413 + 422 = 835 \, \text{kg}$, welche in einer Entfernung a_{1-2} von der Bogenmitte wirkt

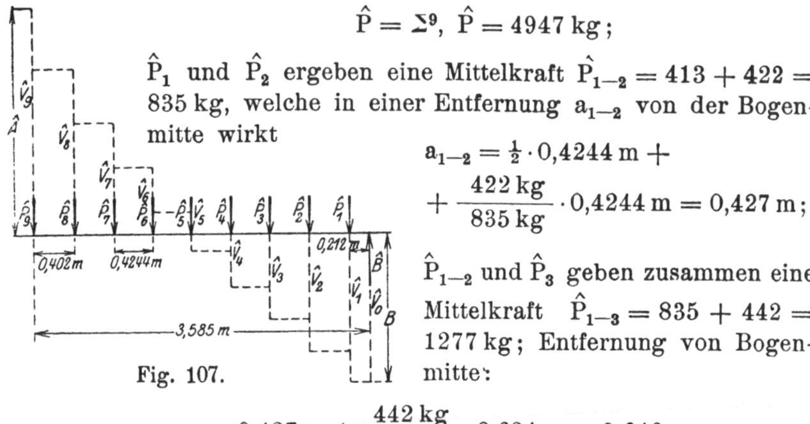

Fig. 107.

$$a_{1-2} = \tfrac{1}{2} \cdot 0{,}4244 \, \text{m} +$$
$$+ \frac{422 \, \text{kg}}{835 \, \text{kg}} \cdot 0{,}4244 \, \text{m} = 0{,}427 \, \text{m};$$

$\hat{P}_{1-2}$ und $\hat{P}_3$ geben zusammen eine Mittelkraft $\hat{P}_{1-3} = 835 + 442 = 1277 \, \text{kg}$; Entfernung von Bogenmitte:

$$a_{1-3} = 0{,}427 \, \text{m} + \frac{442 \, \text{kg}}{1277 \, \text{kg}} \cdot 0{,}634 \, \text{m} = 0{,}646 \, \text{m};$$

ebenso findet sich:

$$\hat{P}_{1-4} = 1277 + 472 = 1749 \, \text{kg};$$

$$a_{1-4} = 0{,}646 \, \text{m} + \frac{472 \, \text{kg}}{1749 \, \text{kg}} \cdot 0{,}837 \, \text{m} = 0{,}872 \, \text{m};$$

$$\hat{P}_{1-5} = 1749 + 511 = 2260 \, \text{kg};$$

$$a_{1-5} = 0{,}872 \, \text{m} + \frac{511 \, \text{kg}}{2260 \, \text{kg}} \cdot 1{,}038 \, \text{m} = 1{,}106 \, \text{m};$$

$$\hat{P}_{1-6} = 2260 + 560 = 2820 \, \text{kg};$$

$$a_{1-6} = 1{,}106 \, \text{m} + \frac{560 \, \text{kg}}{2820 \, \text{kg}} \cdot 1{,}228 \, \text{m} = 1{,}346 \, \text{m};$$

$$\hat{P}_{1-7} = 2820 + 620 = 3440 \, \text{kg};$$

$$a_{1-7} = 1{,}346 \, \text{m} + \frac{620 \, \text{kg}}{3440 \, \text{kg}} \cdot 1{,}413 \, \text{m} = 1{,}601 \, \text{m};$$

$$\hat{P}_{1-8} = 3440 \, \text{kg} + 690 = 4130 \, \text{kg};$$

$$a_{1-8} = 1{,}601 \, \text{m} + \frac{690 \, \text{kg}}{4130 \, \text{kg}} \cdot 1{,}582 \, \text{m} = 1{,}865 \, \text{m};$$

$$\hat{P}_{1-9} = 4130 + 817 = 4947 \, \text{kg};$$

$$a_{1-9} = 1{,}865 \, \text{m} + \frac{817 \, \text{kg}}{4947 \, \text{kg}} \cdot 1{,}720 \, \text{m} = 2{,}149 \, \text{m};$$

Auflagerdruck $\hat{A} = 4947 \, \text{kg} \cdot \dfrac{2{,}149 \, \text{m}}{3{,}585 \, \text{m}} = 2971 \, \text{kg}; \quad \hat{B} = 1976 \, \text{kg};$

Bestimmung des gefährlichen Querschnittes:

$$\hat{V}_0 = -\hat{B} = -1976\,\text{kg};\qquad \hat{V}_1 = -1976 + 413 = -1563\,\text{kg};$$

$$\hat{V}_2 = -1563 + 422 = -1141\,\text{kg};\quad \hat{V}_3 = -1141 + 442 = -699\,\text{kg};$$

$$\hat{V}_4 = -699 + 472 = -227\,\text{kg};\quad \hat{V}_5 = -227 + 511 = +284\,\text{kg};$$

$$\hat{V}_6 = +284 + 560 = 844\,\text{kg};\qquad \hat{V}_7 = +844 + 620 = 1464\,\text{kg};$$

$$\hat{V}_8 = 1464 + 690 = 2154\,\text{kg};\qquad \hat{V}_9 = \hat{A} = 2154 + 817 = 2971\,\text{kg};$$

$$\hat{V}_8 = 1464 + 690 = 2154\,\text{kg};\quad \hat{V}_9 = 2154 + 817 = 2971\,\text{kg};$$

$$x = 0{,}402\,\text{m} + 3 \cdot 0{,}4244\,\text{m} = 1{,}675\,\text{m};$$

$$\hat{\mathfrak{M}}_{max} = 2971\,\text{kg} \cdot 1675\,\text{m} - 817\,\text{kg} \cdot 1{,}675\,\text{m} - 690\,\text{kg} \cdot 1{,}273\,\text{m} -$$
$$- 620\,\text{kg} \cdot 0{,}849\,\text{m} - 560\,\text{kg} \cdot 0{,}824\,\text{m} = 1967\,\text{mkg}.$$

Querschnitt im Bogenscheitel:

Die größte Beanspruchung des Querschnittes tritt bei vollständiger Belastung des Bogens ein; die Vertikalbelastung in dem Bogenscheitel beträgt: $2\hat{B} = 3952\,\text{kg}$; diese Vertikalkraft wird in 2 Komponenten $\hat{C}$ zerlegt, welche von den beiden Kämpfergelenken aufzunehmen sind:

$$\hat{C} = \tfrac{1}{2} \cdot 3952\,\text{kg} \cdot \frac{3{,}595\,\text{m}}{0{,}266\,\text{m}} =$$
$$= 26\,706\,\text{kg};$$

in horizontaler Richtung wirkt die Kraft:

$$\hat{H} = 26\,706\,\text{kg} \cdot \frac{3{,}585\,\text{m}}{3{,}595\,\text{m}} =$$
$$= 26\,632\,\text{kg};$$

Fig. 108.

Fig. 109.

diese Horizontalkraft wirkt in einer Entfernung $= \tfrac{1}{3} \cdot \text{h} = 2{,}7\,\text{cm}$ von Oberkante der Platte; der Querschnitt ist symmetrisch; oben und

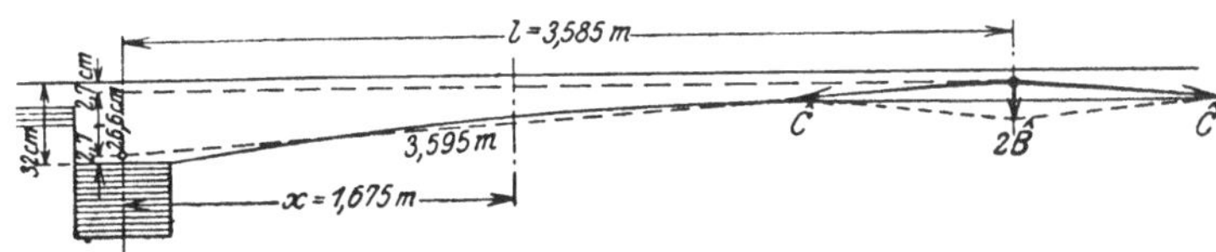

Fig. 110.

unten sind je 13 Rundeisen $d = 10\,\text{mm}$. Der Abstand des Kernrandes von dem Mittelpunkt des Querschnittes in der Vertikalen beträgt:

$$m = \frac{\mathfrak{W}}{F} = \frac{\Theta}{F \cdot \dfrac{d}{2}} = \frac{\dfrac{130\ \text{cm} \cdot (8\ \text{cm})^3}{12} + 15 \cdot 2 \cdot 10,21\ \text{cm}^2 \cdot 2,50\ \text{cm}^2}{(130\ \text{cm} \cdot 8\ \text{cm} + 15 \cdot 2 \cdot 10,21\ \text{cm})^2 \cdot 4\ \text{cm}} =$$
$$= 1,38\ \text{cm};$$

$$e = \tfrac{1}{2} \cdot 8,0\ \text{cm} - 2,7\ \text{cm} = 1,30\ \text{cm};$$

die exzentrische Belastung greift demnach innerhalb des Kernes an Kantenpressung oben:

$$\hat{\sigma}_b = \frac{\hat{P}}{F} + \frac{\hat{\mathfrak{M}}}{\mathfrak{W}} = \frac{26\,632\ \text{kg}}{1346\ \text{cm}^2} + \frac{26\,632\ \text{kg} \cdot 1,3\ \text{cm}}{\tfrac{1}{4}\ \text{cm} \cdot 7461} = 38,4\ \text{kg/cm}^2;$$

desgl. unten:

$$\hat{\sigma}_b{}' = 19,8 - 18,6 = 1,2\ \text{kg/cm}^2;$$

$$y = \frac{8,0\ \text{cm}}{1 - \dfrac{1,2\ \text{kg/cm}^2}{38,4\ \text{kg/cm}^2}} = 8,26\ \text{cm};$$

$$\hat{\sigma}_e = \frac{15 \cdot 38,4\ \text{kg/cm}^2 \cdot (8,26\ \text{m} - 1,5\ \text{m})}{8,26\ \text{m}} = 482\ \text{kg/cm}^2;$$

$$\hat{\sigma}_e{}' = \frac{15 \cdot 38,4\ \text{kg/cm}^2 \cdot (8,26\ \text{m} - 6,5\ \text{m})}{8,26\ \text{m}} = 123\ \text{kg/cm}^2.$$

Gefährlicher Querschnitt für die Belastung durch Eigengewicht und Nutzlast: $x = 1,675\ \text{m}$ (s. obige Fig.); die Stärke des Eisenbetonquerschnittes beträgt daselbst: $h = \dfrac{17,3\ \text{cm} + 14,0\ \text{cm}}{2} = 15,6\ \text{cm};$

die Kraft $\hat{C}$ wirkt in einer Entfernung von dem Mittelpunkt des Querschnittes:

$$e = 32,0\ \text{cm} - \tfrac{1}{2} \cdot 15,6\ \text{cm} - \frac{1,675\ \text{m}}{3,585\ \text{m}} \cdot 26,6\ \text{cm} - 2,7\ \text{cm} = 9,1\ \text{cm};$$

das Moment der Kraft $\hat{C}$ bezogen auf die Mitte des Querschnittes ist: $\hat{\mathfrak{M}}_1 = 26\,706\ \text{kg} \cdot 0,091\ \text{m} = 2430\ \text{mkg}$; das Belastungsmoment durch das Eigengewicht und durch die Nutzlast ist $\hat{M}_2 = 1967\ \text{mkg}$; die beiden Momente wirken gegeneinander: $\hat{M}_1 - \hat{M}_2 = 463\ \text{mkg}$; das Moment $\hat{M}_2$ bringt die Wirkung hervor, als ob die Kraft $\hat{C}$ näher an der Querschnittsmitte wirken würde und gemäß $e_1 = \dfrac{46\,300\ \text{cmkg}}{26\,706\ \text{kg}} =$
$= 1,73\ \text{m}$; die Entfernung des Kernrandes von der Kernmitte in der Vertikalen beträgt:

$$m = \frac{\mathfrak{W}}{F} = \frac{\Theta}{F \cdot \dfrac{h}{c}} = \frac{2 \cdot \left(\dfrac{130\ \text{cm} \cdot 15,6\ \text{cm}^3}{12} + 2 \cdot 15 \cdot 10,21\ \text{cm}^2 \cdot (6,3\ \text{cm})^2 \right)}{(130\ \text{cm} \cdot 15,6\ \text{cm} + 15 \cdot 2 \cdot 10,21\ \text{cm}^2) \cdot 15,6\ \text{cm}} =$$
$$= 2,9\ \text{cm};$$

die Kraft $\hat{C}$ wirkt demnach innerhalb des Kernes; die Kantenpressung auf der unteren Seite des Querschnittes ist:

$$\hat{\sigma}_b = \frac{26\,706\,\text{kg}}{130\,\text{cm} \cdot 15,6\,\text{cm} + 2 \cdot 15\,\text{cm} \cdot 10,21\,\text{cm}^2} + \frac{46\,300\,\text{cmkg} \cdot 7,8\,\text{cm}}{53\,196\,\text{cm}^4} = 18,3\,\text{kg/cm}^2;$$

desgl. auf der oberen Seite:

$$\hat{\sigma}_b{}' = 11,5 - 6,8 = 4,7\,\text{kg/cm}^2;$$

$$y = \frac{15,6\,\text{cm}}{1 - \dfrac{4,7\,\text{kg/cm}^2}{18,3\,\text{kg/cm}^2}} = 21,0\,\text{cm};$$

$$\hat{\sigma}_e = \frac{15 \cdot 18,3\,\text{kg/cm}^2 \cdot (21,0\,\text{cm} - 1,5\,\text{cm})}{21,0\,\text{cm}} = 226\,\text{kg/cm}^2;$$

$$\hat{\sigma}_e = \frac{15 \cdot 18,3\,\text{kg/cm}^2 \cdot (21,0\,\text{cm} - 14,1\,\text{cm})}{21,0\,\text{cm}} = 90\,\text{kg/cm}^2.$$

Konsolträger mit den beiden Widerlagern des Bogens: Die Gesamtbelastung jedes der beiden Konsole in vertikaler Richtung ist:

$$\hat{P} = 2971 + 1976 = 4947\,\text{kg};$$

$$\hat{Q}_1{}' = \hat{Q}_2{}' + \hat{P};$$

$$m + n = 1,25\,\text{m};$$

$$\hat{Q}_2{}' \cdot \tfrac{2}{3} \cdot (m + n) = \hat{P} \cdot (\tfrac{1}{3}\,m + 0,65\,m);$$

$$\hat{Q}_1{}' = \frac{m \cdot \hat{\sigma}_i \cdot b}{2}; \qquad \hat{Q}_2{}' = \frac{n \cdot \hat{\sigma}_a \cdot b}{2};$$

$$\frac{\hat{\sigma}_i}{\hat{\sigma}_a} = \frac{m}{n};$$

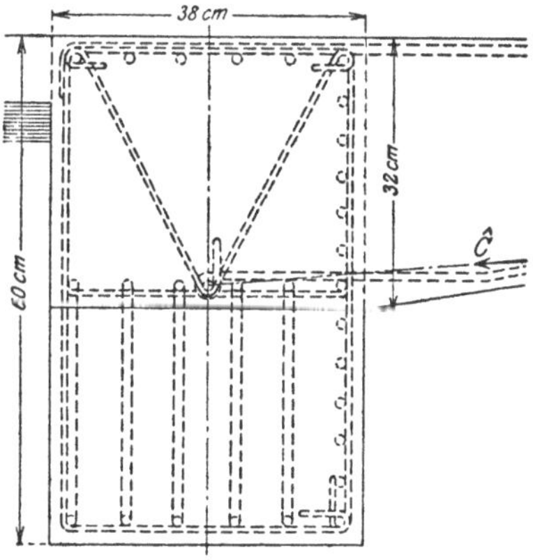

angenommen wird:

$$m = 73\,\text{cm}; \quad n = 52\,\text{cm};$$

Fig. 111.

$$\hat{Q}_2{}' = \frac{24,3\,\text{cm} + 65\,\text{cm}}{83,3\,\text{cm}} \cdot 4947\,\text{kg} = 5303\,\text{kg};$$

$$\hat{Q}_1{}' = 4947 + 5303 \doteq 10\,250\,\text{kg};$$

$$\hat{\sigma}_i = \frac{2 \cdot 10\,250\,\text{kg}}{73\,\text{cm} \cdot 38\,\text{cm}} = 7,39\,\text{kg/cm}^2; \qquad \hat{\sigma}_a = \frac{2 \cdot 5303\,\text{kg}}{52\,\text{cm} \cdot 38\,\text{cm}} = 5,37\,\text{kg/cm}^2;$$

$$\hat{\sigma}_a = \frac{53\,\text{cm}}{72\,\text{cm}} \cdot 7,39\,\text{kg/cm}^2 = 5,44\,\text{kg/cm}^2;$$ dieser Wert stimmt mit dem vorhin gefundenen annähernd überein; die oben angenommenen Werte für m und n sind daher richtig.

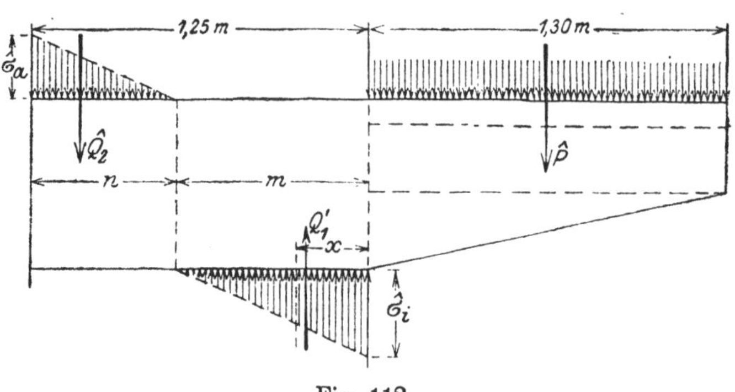

Fig. 112.

Gefährlicher Querschnitt:

$$\hat{\mathfrak{M}}_{max} = \hat{P} \cdot (65\,\mathrm{cm} + x) - \frac{2 \cdot \hat{\sigma_i} - \dfrac{x}{m} \cdot \hat{\sigma_i}}{2} \cdot 38\,\mathrm{cm} \cdot \frac{x^2}{2} =$$

$$= \hat{P} \cdot 65\,\mathrm{cm} + \hat{P} \cdot x - \hat{\sigma_i} \cdot 19\,\mathrm{cm} \cdot x^2 + \frac{\hat{\sigma_i}}{2} \cdot 19\,\mathrm{cm} \cdot \frac{x^3}{m}$$

$$\frac{d\hat{\mathfrak{M}}_{max}}{d_x} = \hat{P} - 38 \cdot \hat{\sigma_i} \cdot x + 28,5\,\mathrm{cm} \cdot \frac{\hat{\sigma_i}}{m} \cdot x^2 = 0;$$

$$4947\,\mathrm{kg} - 280,8\,\mathrm{kg/cm} \cdot x + 2,89\,\mathrm{kg/cm^2} \cdot x^2 = 0;$$

$$x^2 - 97,2 \cdot x + 1712 = 0;$$

$$x = 48,6 \pm \sqrt{48,6^2 - 1712} = 23,1\,\mathrm{cm};$$

der Schwerpunkt des Trapezes für den Flächendruck des Konsoles
auf das Mauerwerk, soweit dasselbe für $\hat{M}_{max}$ in Frage kommt, wird
der Einfachheit halber in einem Abstand $= \dfrac{x}{2}$ von der Innenfläche
Wand angenommen, in Wirklichkeit ist derselbe etwas kleiner, $\hat{\mathfrak{M}}_{max}$
etwas größer.

$$\hat{\mathfrak{M}}_{max} = 4947\,\mathrm{kg} \cdot 88,1\,\mathrm{cm} - \frac{2 \cdot 7,39\,\mathrm{kg/cm^2} - \dfrac{23,1\,\mathrm{cm}}{73\,\mathrm{cm}} \cdot 7,39\,\mathrm{kg/cm^2} \cdot}{2}$$

$$38\,\mathrm{cm} \cdot \frac{(23,1\,\mathrm{cm})^2}{2} = 372\,769\,\mathrm{cmkg};$$

$$b = 38\,\mathrm{cm}; h = 60\,\mathrm{cm}; a = a' = 3\,\mathrm{cm}; f_e = f_e' = 6,79\,\mathrm{cm^2}(6 \times d = 12\,\mathrm{mm});$$

$$x = \frac{2 \cdot 15 \cdot 6,79\,\mathrm{cm^2}}{38\,\mathrm{cm}} \cdot \left[\sqrt{1 + \frac{60\,\mathrm{cm}}{5,38\,\mathrm{cm}}} - 1 \right] = 13,4\,\mathrm{cm};$$

$$\hat{\sigma}_b = \frac{372\,769 \text{ cm/kg}}{\dfrac{38\,\text{cm} \cdot 13,4\,\text{cm}}{2} \cdot (57\,\text{cm} - 4,47\,\text{cm}) + 15 \cdot 6,79\,\text{cm}^2 \cdot \dfrac{10,4\,\text{cm}}{13,4\,\text{cm}} \cdot 54\,\text{cm}} =$$

$$= 21,1 \text{ kg/cm};$$

$$\hat{\sigma}_e = \frac{21,1 \text{ kg/cm}^2 \cdot 15}{13,4\,\text{cm}} \cdot (57\,\text{cm} - 13,4\,\text{cm}) = 1029 \text{ kg/cm}^2;$$

$$\hat{\sigma}_e' = \frac{21,1 \text{ kg/cm}^2 \cdot 15}{13,4\,\text{cm}} \cdot 10,4\,\text{cm} = 245 \text{ kg/cm}^2.$$

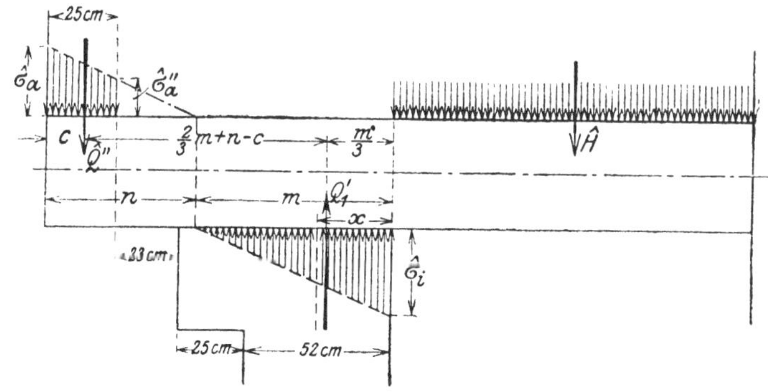

Fig. 113.

Übertragung des Horizontaldruckes $\hat{H}$ durch die Konsolträger auf das Mauerwerk:

$$\hat{H} = 26\,632 \text{ kg}; \qquad \hat{Q}_1'' = \hat{H} + \hat{Q}_2'';$$

$$m + n = 1,25\,\text{m};$$

$$\hat{Q}_2'' \cdot (\tfrac{2}{3}m + n - c) = \hat{H} \cdot (\tfrac{1}{3}m + 0,65\,\text{m});$$

$$\hat{Q}_2'' = \frac{\hat{\sigma}_a' + \hat{\sigma}_a''}{2} \cdot 25\,\text{cm} \cdot b;$$

$$\hat{Q}_1'' = \frac{m \cdot \hat{\sigma}_i \cdot b}{2}; \quad \frac{\hat{\sigma}_i}{\hat{\sigma}_a'} = \frac{m}{n}; \quad \hat{\sigma}_a'' = \frac{n - 25\,\text{cm}}{n} \cdot \hat{\sigma}_a';$$

angenommen $m = 67,7$ cm; $n = 57,3$ cm;

$$c = \frac{25\,\text{cm}}{3} \cdot \frac{\hat{\sigma}_a' + 2\hat{\sigma}_a''}{\hat{\sigma}_a' + \hat{\sigma}_a''};$$

$$\frac{m \cdot \hat{\sigma}_i \cdot b}{2} = \hat{H} + \frac{\hat{\sigma}_a' + \hat{\sigma}_a''}{2} \cdot 25\,\text{cm} \cdot b;$$

$$\frac{67,7\,\text{cm} \cdot \hat{\sigma}_i \cdot 60\,\text{cm}}{2} = 26\,632 \text{ kg} + \frac{\hat{\sigma}_a' + \dfrac{n - 25\,\text{cm}}{n} \cdot \hat{\sigma}_a'}{2} \cdot 25\,\text{cm} - 60\,\text{cm} +$$

$$+ \frac{\dfrac{n}{m} \cdot \hat{\sigma}_i \left(1 + \dfrac{n - 25\,\text{cm}}{n}\right)}{2} \cdot 25\,\text{cm} - 60\,\text{cm};$$

$$2031 \cdot \hat{\sigma}_i = 26\,632\ \text{kg} + \frac{57{,}3\ \text{cm}}{67{,}7\ \text{cm}} \cdot \hat{\sigma}_i \left(1 + \frac{32{,}3}{57{,}3}\right) \cdot 25\ \text{cm} \cdot 30\ \text{cm};$$

$$\hat{\sigma}_i = \frac{26\,632\ \text{kg}}{1038} = 25{,}7\ \text{kg/cm}^2;$$

$$\hat{\sigma}_a{}' = \frac{57{,}3}{67{,}7} \cdot 25{,}7\ \text{kg/cm}^2 = 21{,}8\ \text{kg/cm}^2; \quad \hat{\sigma}_a{}'' = \frac{32{,}3}{57{,}3} \cdot 21{,}8\ \text{kg/cm}^2 =$$
$$= 12{,}3\ \text{kg/cm}^2;$$

$$c = \frac{25\ \text{cm}}{3} \cdot \frac{21{,}8\ \text{kg/cm}^2 + 2 \cdot 12{,}3\ \text{kg/cm}^2}{21{,}8\ \text{kg/cm}^2 + 12{,}3\ \text{kg/cm}^2} = 11{,}3\ \text{cm};$$

$$\hat{Q}_1{}'' = \frac{67{,}7\ \text{cm} \cdot 25{,}7\ \text{kg/cm}^2 \cdot 60\ \text{cm}}{2} = 52\,197\ \text{kg};$$

$$\hat{Q}_2{}'' = \frac{21{,}8\ \text{kg/m}^2 + 12{,}3\ \text{kg/cm}^2}{2} \cdot 25\ \text{cm} \cdot 60\ \text{cm} = 25\,575\ \text{kg};$$

$$\hat{Q}_2{}'' = \frac{\frac{1}{3} \cdot 67{,}7\ \text{cm} + 65\ \text{cm}}{\frac{2}{3} \cdot 67{,}7\ \text{cm} + 57{,}3\ \text{cm} - 11{,}3\ \text{cm}} \cdot 26\,632\ \text{kg} = 25\,59C\ \text{g};$$

die beiden auf verschiedene Weise berechneten Werte für $Q_2{}''$ stimmen überein, weshalb die für m und n eingeführten Werte richtig sind.

$$\mathfrak{M} = 26\,632\ \text{kg} \cdot (65\ \text{cm} + \text{x}) - \frac{2 \cdot \hat{\sigma}_i - \frac{\text{x}}{\text{m}} \cdot \hat{\sigma}_i}{2} \cdot 60\ \text{cm} \cdot \frac{\text{x}^2}{2};$$

$$\frac{\text{d}\mathfrak{M}}{\text{d}\text{x}} = 26\,632\ \text{kg} - 1542 \cdot \text{x} + \frac{3\text{x}^2}{2} \cdot \frac{25{,}7\ \text{kg/cm}^2}{67{,}7\ \text{cm}} \cdot 60\ \text{cm} = 0;$$

$$\text{x}^2 - 89{,}6 + 1548 = 0;$$

$$\text{x} = 44{,}8 \pm \sqrt{44{,}8^2 - 1548} = 23{,}4\ \text{cm}.$$

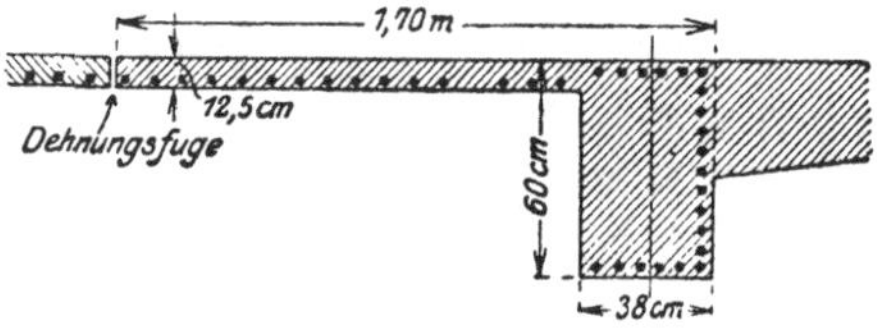

Fig. 114.

Der Schwerpunkt des Trapezes für den Flächendruck des Konsoles auf das Mauerwerk, so weit dasselbe für $\mathfrak{M}_{max}$ in Frage kommt, wird der Einfachheit halber wie oben in einem Abstand $= \frac{\text{x}}{2}$ von Innenfläche Wand angenommen.

$$\mathfrak{M}_{max} = 26\,632\ \text{kg} \cdot 88{,}4\ \text{cm} - \frac{2 \cdot 25{,}7\ \text{kg/cm} - \frac{23{,}4\ \text{cm}}{67{,}7\ \text{cm}} \cdot 25{,}7\ \text{kg/cm}^2 \cdot}{2}$$
$$60\ \text{m} \cdot \frac{(23{,}4\ \text{cm})^2}{2} = 2\,005\,212\ \text{cmkg}.$$

$$h - a = 0{,}411 \cdot \sqrt{\frac{20\,052 \text{ mkg}}{0{,}125 \text{ m}}} = 16{,}5 \text{ cm}; \quad h = 1{,}70 \text{ m};$$

$$f_e = 0{,}228 \cdot \sqrt{20\,052 \text{ mkg} \cdot 0{,}125 \text{ m}} = 11{,}4 \text{ cm}^2;$$

$$10 \times d = 12 \text{ mm} \quad \text{mit} \quad 11{,}3 \text{ cm}^2 \text{ noch genügend.}$$

1,70 m der an den Bogen auf jeder Seite anstoßenden Platte einschließlich Konsolbreite sind erforderlich, um die Horizontalkraft des Bogens aufzunehmen; um Rissebildung in den beiden Plattenteilen möglichst zu vermeiden, werden zweckmäßig am Ende derselben Dehnungsfugen (s. Fig.) angeordnet.

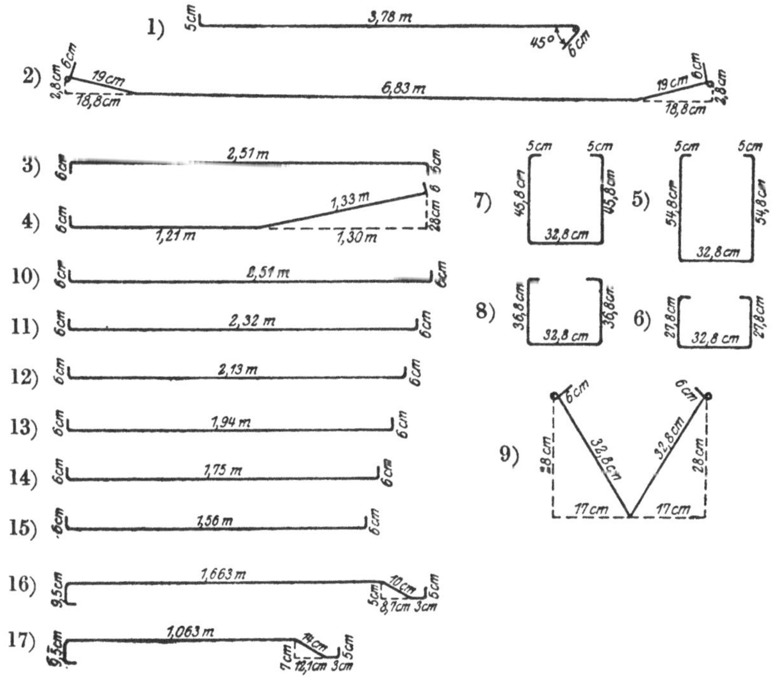

Fig. 115.

Rundeisenverzeichnis:

1) 26 obere Bogeneisen d = 10 mm 3,89 m lang;

2) 13 untere Bogeneisen d = 10 mm 7,33 m lang;
   3 Stück d = 10 mm 1,28 m lang für die Gelenke (ohne Haken);
   28 Stück d = 8 mm 1,28 m lang, obere und untere Querarmierung des Bogens (ohne Haken);

3) 12 Stück d = 12 mm 2,63 m lang, obere Konsoleisen

4) 12 „ d = 12 „ 2,66 „ „ untere „

5) 8 Stück d = 6 mm 1,524 m lang, Bügel für den Konsolträger;
6) 2   „   d = 6   „   0,984 „   „   desgl.;
7) 2   „   d = 6   „   1,164 „   „   „
8) 2   „   d = 6   „   1,344 „   „   „
9) 6 Stück d = 6 mm 0,776 m lang, Bügel zum Aufhängen der äußeren
   Gelenke;
10) 5 Stück d = 12 mm 2,63 m lang, Rundeisen an der inneren vertikalen Fläche der Konsolträger;
11) 2 Stück d = 12 mm 2,44 m lang, desgl.;
12) 2   „   d = 12 „ 2,25 „   „   „
13) 2   „   d = 12 „ 2,06 „   „   „
14) 2   „   d = 12 „ 1,87 „   „   „
15) 2   „   d = 12 „ 1,68 „   „ . „
16) 12 Stück d = 10 mm 1,988 m lang, Konsoleisen für die Platten;
17) 12   „   d = 10 „ 1,428 „   „   desgl.;
   12 Stück d = 8 mm 2,00 m lang, Längsarmierung für die Platten
   (ohne Haken).

VIII. Der kontinuierliche Träger.

Der kontinuierliche Träger läuft ohne Unterbrechung über mehr
als 2 Auflager durch. Nachstehend wird die Beanspruchung der Träger für 2 und 3 Fel- auf 3 und auf 4 Stutzen ermittelt. Die Träger- enden werden als frei aufgelagert angenom- men, während über den Mittelstützen Einspann- ung vorhanden ist. Es sind demnach die End- felder als einseitig, die Mittelfelder als beidersei- tig eingespannt zu be- trachten. Ist $\hat{g}$ die gleich- förmig verteilte Belast- ung durch das Eigenge- wicht pro 1 m und $\hat{p}$ desgl. durch die Nutz-

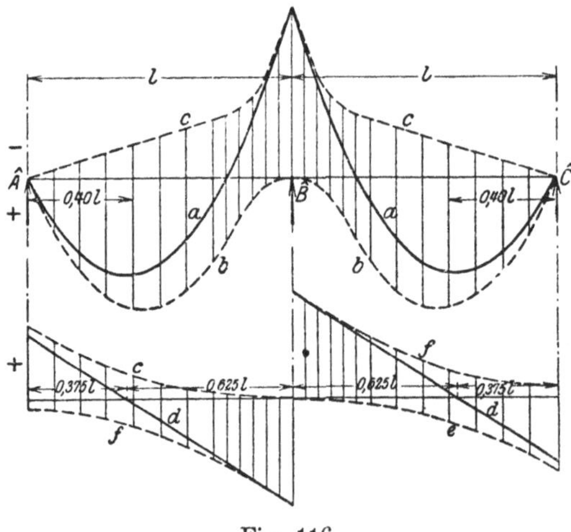

Fig. 116.

last, so ist für ein bestimmtes Verhältnis von $\dfrac{x}{1}$:

$$\hat{\mathfrak{M}}_{max} = (a \cdot \hat{g} + b \cdot \hat{p}) \cdot 1^2; \quad \hat{\mathfrak{M}}_{min} = (a \cdot \hat{g} + c \cdot \hat{p}) \cdot 1^2;$$

$$\hat{Q}_{max} = (d \cdot \hat{g} + e \cdot \hat{p}) \cdot 1; \quad \hat{Q}_{min} = (d \cdot \hat{g} + f \cdot \hat{p}) \cdot 1.$$

Belastungsmomente und Querkräfte für den gleichförmig belasteten Balken auf 3 Stützen:

| Verhältnis $\frac{x}{l}$ | Belastungsmomente | | | Querkräfte | | |
| | Einfluß von $\hat{g}$ | Einfluß von $\hat{p}$ | | Einfluß von $\hat{g}$ | Einfluß von $\hat{p}$ | |
	a	b	c	d	e	f
0,0	0,0000	0,00000	0,00000	+ **0,375**	+ **0,4375**	— 0,0625
0,1	+ 0,0325	+ 0,03875	— 0,00625	+ 0,275	+ 0,3437	— 0,0687
0,2	+ 0,0550	+ 0,06750	— 0,01250	+ 0,175	+ 0,2624	— 0,0874
0,3	+ 0,0675	+ 0,08625	— 0,01875	+ 0,075	+ 0,1932	— 0,1182
0,375	+ 0,0703	+ 0,09375	— 0,02344	0,000	+ 0,1491	— 0,1491
0,4	+ **0,0700**	+ **0,09500**	— 0,02500	— 0,025	+ 0,1359	— 0,1609
0,5	+ 0,0625	+ 0,09375	— 0,03125	— 0,125	+ 0,0898	— 0,2148
0,6	+ 0,0450	+ 0,08250	— 0,03750	— 0,225	+ 0,0544	— 0,2794
0,7	+ 0,0175	+ 0,06125	— 0,04375	— 0,325	+ 0,0287	— 0,3537
0,75	0,0000	+ 0,04683	— 0,04688	— 0,375	+ 0,0193	— 0,3943
0,8	0,0200	+ 0,03000	— 0,05000	— 0,425	+ 0.0119	— 0,4369
0,85	— 0,0425	+ 0,01523	— 0,05773	— 0,475	─| 0,0064	— 0,4814
0,9	— 0,0675	+ 0,00611	— 0.07361	— 0,525	+ 0,0027	— 0,5277
0,95	— 0,0950	+ 0,00138	— 0,09638	— 0,575	+ 0,0007	— 0,5757
1,0	— **0,1250**	0,00000	— **0,12500**	— **0,625**	0,0000	— **0,6250**

Die größten einzuführenden Momente und Querkräfte sind in der vorstehenden Tabelle durch Fettdruck hervorgehoben. Diese, wie auch die folgende Tabelle gilt nur für kontinuierliche Träger mit gleich hohen Unterstützungen und gleicher Felderteilung·

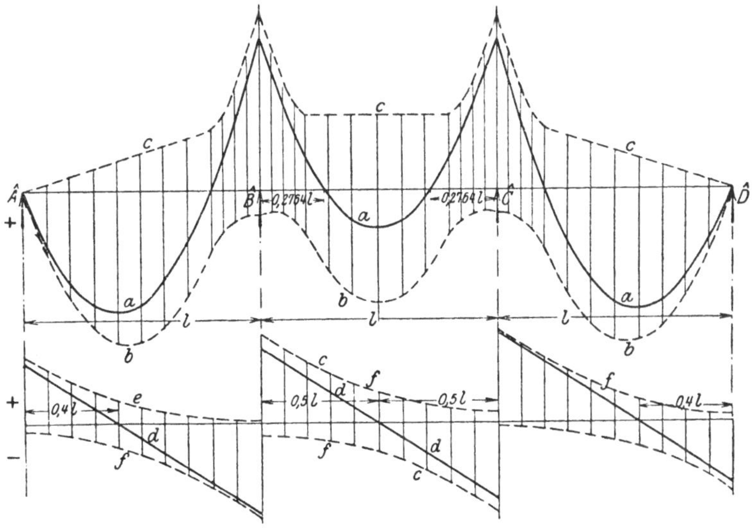

Fig. 117.

Belastungsmomente und Querkräfte für den gleichförmig belasteten Balken auf 4 Stützen.

Ver-hältnis $\dfrac{x}{l}$	Belastungsmomente			Querkräfte		
	Einfluß von $\hat{g}$	Einfluß von $\hat{p}$		Einfluß von $\hat{g}$	Einfluß von $\hat{p}$	
	a	b	c	d	e	f
0,0	0,000	0,000	0,000	+ 0,4	+ 0,4500	— 0,0500
0,1	+ 0,035	+ 0,040	— 0,005	+ 0,3	+ 0,3560	— 0,0563
0,2	+ 0,060	+ 0,070	— 0,010	+ 0,2	+ 0,2752	— 0,0752
0,3	+ 0,075	+ 0,090	— 0,015	+ 0,1	+ 0,2065	— 0,1065
0,4	+ 0,080	+ 0,100	— 0,020	0,0	+ 0,1496	— 0,1496
0,5	+ 0,075	+ 0,100	— 0,025	— 0,1	+ 0,1042	— 0,2042
0,6	+ 0,060	+ 0,090	— 0,030	— 0,2	+ 0,0694	— 0,2694
0,7	+ 0,035	+ 0,070	— 0,035	— 0,3	+ 0,0443	— 0,3443
0,7895	+ 0,00414	+ 0,04362	— 0,03948			
0,8	0,000	+ 0,04022	— 0,04022	— 0,4	+ 0,0280	— 0,4280
0,85	— 0,02125	+ 0,02773	— 0,04898			
0,9	— 0,04500	+ 0,02042	— 0,06542	— 0,5	+ 0,0193	— 0,5191
0,95	— 0,07125	+ 0,01706	— 0,08831			
1,0	— 0,1000	+ 0,01667	— 0,11667	— 0,6	+ 0,0167	— 0,6167
0,0	— 0,10000	+ 0,01667	— 0,11667	+ 0,5	+ 0,5833	— 0,0833
0,05	— 0,07625	+ 0,01408	— 0,09033			
0,10	— 0,05500	+ 0,01514	— 0,07014	+ 0,4	+ 0,4870	— 0,0870
0,15	— 0,03625	+ 0,02053	— 0,05678			
0,20	— 0,020	+ 0,030	— 0,050	+ 0,3	+ 0,3991	— 0,0991
0,2764	0,000	+ 0,050	— 0,050			
0,3	+ 0,005	+ 0,055	— 0,050	0,2	+ 0,3210	— 0,1210
0,4	+ 0,020	+ 0,070	— 0,050	+ 0,1	+ 0,2537	— 0,1537
0,5	+ 0,025	+ 0,075	— 0,050	+ 0,0	+ 0,1979	— 0,1979

Beispiel 27: In dem Beispiel 7: „1 Kellerraum von 7,75 m lichter Breite und 8,90 m lichter Länge unter einem Vorgarten soll mit einer Eisenbetondecke versehen werden", wurden für die Platte die Belastungsmomente der Mittelfelder zu $\dfrac{\hat{p}\cdot l^2}{14}$ und diejenigen der Endfelder zu $\dfrac{\hat{p}\cdot l^2}{21}$ entsprechend dem § 16 Abs. 8 der minist. Best. angenommen. Zum Vergleich ist die Platte nach den obigen Tabellen für kontinuierliche Träger zu berechnen. Die Deckeneisen läßt man in dem vorliegenden Falle zweckmäßig über 2 Felder durchgehen; es kommt somit die Tabelle S. 111 zur Anwendung; für beide Felder ergibt sich das Maximalbelastungsmoment für den Abstand von $x = 0,41$ von den beiden äußeren Auflagern zu:

$$\mathfrak{M}_{max} = (0{,}07\cdot\hat{g} + 0{,}095\,\hat{p})\,l^2;$$

$$\hat{g} = 0{,}15 \text{ m} \cdot 1600 \text{ kg/m}^2 + 50 \text{ kg/m} + 0{,}10 \text{ m} \cdot 2400 \text{ kg/m}^2 =$$
$$\hat{p} = 500 \text{ kg/m}; \text{ daher}: \qquad\qquad = 530 \text{ kg/m};$$

$$\mathfrak{M} = (0{,}07 \cdot 530 \text{ kg/m} + 0{,}095 \cdot 500 \text{ kg/m}) \cdot (2{,}25 \text{ m})^2 = 429 \text{ mkg};$$

$$h - a = 0{,}411 \cdot \sqrt{\frac{42\,900 \text{ cmkg}}{100 \text{ cm}}} = 8{,}5 \text{ cm}; \quad h = 10 \text{ cm};$$

$$F_e = 0{,}00\,228 \cdot \sqrt{42\,900 \text{ cmkg} \cdot 100 \text{ cm}} = 4{,}72 \text{ cm}^2;$$

$$9^{1}/_{2} \cdot d = 8 \text{ mm} = 4{,}78 \text{ cm}^2.$$

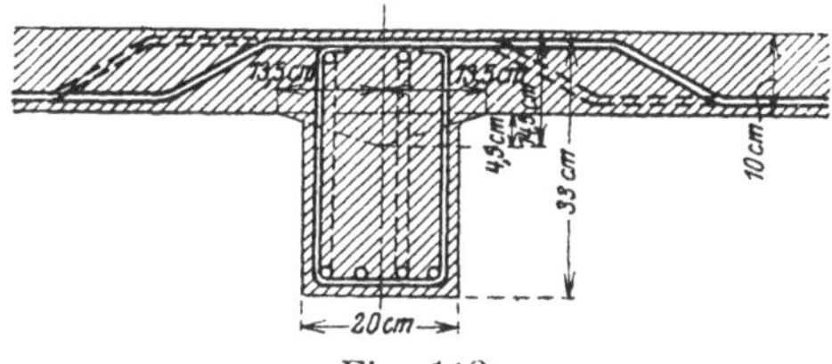

Fig. 118.

Über den äußeren Rippen beträgt das negative Biegungsmoment:

$$\mathfrak{M} = -\,0{,}125 \cdot (530 + 500)\,\text{kg/m} \cdot (2{,}25 \text{ m})^2 = -\,651 \text{ mkg};$$

da das negative Biegungsmoment größer ist als das Maximalbelastungsmoment in den beiden Deckenfeldern, so ist der Deckenquerschnitt über den beiden äußeren Rippen entsprechend zu verstärken, was am einfachsten durch Anbringen von Vouten geschieht; der Koeffizient τ für den Eisenquerschnitt wird nach der Tabelle S. 3 so gewählt, daß der vorhandene über der Rippe aufgebogene Querschnitt noch genügt; die erforderliche Gesamthöhe findet sich dann aus dem zugehörigen Wert von ϱ; für

$$\hat{\sigma}_b = 31 \text{ kg/cm}^2 \text{ und } \hat{\sigma}_e = 1200 \text{ kg/cm}^2 \text{ ist}$$

$$F_e = 0{,}00\,182 \cdot \sqrt{65\,100 \text{ cmkg} \cdot 100 \text{ cm}} = 4{,}64 \text{ cm}^2, \quad \text{während}$$

$$9^{1}/_{2} \cdot d = 8 \text{ mm mit } 4{,}78 \text{ cm}^2 \text{ vorhanden sind};$$

$$h - a = 0{,}504 \cdot \sqrt{\frac{65\,100 \text{ cmkg}}{100 \text{ cm}}} = 1{,}29 \text{ cm}; \quad \text{vorhanden ist}$$

$$h = 10 \text{ cm} + 4{,}5 \text{ cm} = 14{,}5 \text{ cm}.$$

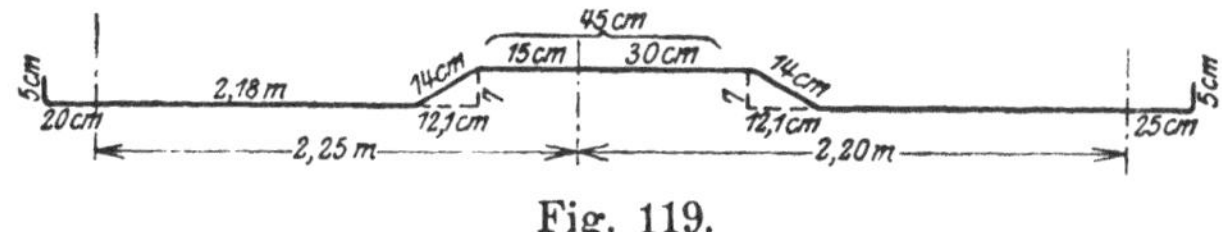

Fig. 119.

Eisenverzeichnis:

$$2 \cdot [(7{,}75 \text{ m} - 0{,}45 \text{ m} + 0{,}26 \text{ m}) \cdot 9^{1}/_{2} - 1] = 142 \text{ Deckeneisen } d = 8 \text{ mm}$$
5,04 m lang;

14 Verteilungseisen $d = 8$ mm 7,80 m lang.

NB! Die Deckeneisen werden beim Verlegen abwechselnd geschwenkt!

Beispiel 28: Für die Rippen zu dieser Decke in dem Beispiel 7 kann, da die beiden anstoßenden Felder gleiche Stützweite besitzen und da nur gleichmäßig verteilte Belastung in Frage kommt, ebenfalls die Tabelle S. 3 Anwendung finden. Für die Bestimmung der Maximalbelastungsmomente und der Querkräfte wird die Belastung durch die Deckenplatte so angenommen, als ob dieselbe frei auf den Rippen aufliegen würde; die gleichmäßig verteilte ständige Belastung der Rippen beträgt (Erdreich, Belag und Decke):

$$\hat{g} = 2{,}25\,\text{m} \cdot (0{,}15\,\text{m} \cdot 1600\,\text{kg/m}^3 + 50\,\text{kg/m}^2 + 0{,}10\,\text{m} \cdot 2400\,\text{kg/m}^3) +$$
$$+\ 0{,}20\,\text{m} \cdot 0{,}23\,\text{m} \cdot 2400\,\text{kg/m}^3 = 1303\,\text{kg/m};\ \text{Nutzlast:}$$

$$\hat{p} = 2{,}25\,\text{m} \cdot 500\,\text{kg/m}^2 = 1125\,\text{kg/m};$$

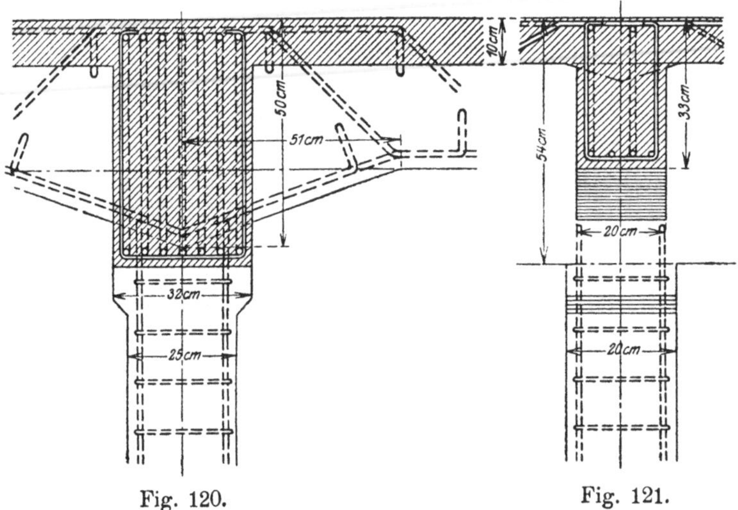

Fig. 120.   Fig. 121.

das maximale Belastungsmoment in den beiden Feldern der Rippen befindet sich in einem Abstand $x' = 0{,}4\,l$ von den beiden äußeren Auflagern zu:

$$\hat{\mathfrak{M}}_{max} = (0{,}07 \cdot 1303\,\text{kg/m} + 0{,}095 \cdot 1125\,\text{kg/m}) \cdot 4{,}08\,\text{m}^2 = 3298\,\text{mkg};$$

nach § 16 Abs. 9 der minist. Best. kommt für die Breite der Druckplatte eines Plattenbalkens in Betracht:

$$b = 8 \cdot d\ =\ 80\,\text{cm};$$
$$=\ 2 \cdot h\ =\ \mathbf{66}\,\text{cm};$$
$$=\ 4 \cdot b_1\ =\ 80\,\text{cm};$$
$$=\ \tfrac{1}{2} \cdot a\ =\ 113\,\text{cm};$$

das kleinste dieser Maße (66 cm) ist zu wählen.

$$h - a = 0{,}411 \cdot \sqrt{\frac{329\,800\ \text{cmkg}}{66\ \text{cm}}} = 29{,}1\ \text{cm};$$

$$h \geqq 29{,}1\ \text{cm} + \tfrac{1}{2} \cdot 1{,}9\ \text{cm} + 0{,}6\ \text{cm} + 1{,}5\ \text{cm} = 33\ \text{cm};$$

$$F_e = 0{,}00\,228 \cdot \sqrt{329\,800\ \text{cmkg} \cdot 66\ \text{cm}} = 10{,}7\ \text{cm};$$

$$2 \times d = 19\ \text{mm} + 2 \times d = 18\ \text{mm}\ \text{mit}\ 10{,}8\ \text{cm}^2.$$

Das negative Belastungsmoment über dem Hauptunterzug beträgt:

$$\hat{\mathfrak{M}} = -\,0{,}125 \cdot (1303 + 1125)\ \text{kg/m} \cdot (4{,}08\ \text{m})^2 = -\,5053\ \text{mkg};$$

$$h = 33\ \text{cm} + \tfrac{1}{3} \cdot 51\ \text{cm} = 50\ \text{cm};$$

$$a = a' = 1{,}5\ \text{cm} + 0{,}6\ \text{cm} + \tfrac{1}{2} \cdot 1{,}9\ \text{cm} = 3{,}1\ \text{cm};$$

$$F_e = F_e' = 10{,}8\ \text{cm}^2\,(2 \times d = 19\ \text{mm} + 2 \times d = 18\ \text{mm});$$

$$x = \frac{2 \cdot 15 \cdot 10{,}8\ \text{cm}^2}{20\ \text{cm}} \cdot \left[\sqrt{1 + \frac{20\ \text{cm} \cdot 50\ \text{cm}}{2 \cdot 15 \cdot 10{,}8\ \text{cm}^2}} - 1 \right] = 16{,}5\ \text{cm};$$

$$\hat{\sigma}_b = \frac{505\,300\ \text{cmkg}}{\dfrac{20\ \text{cm} \cdot 16{,}5\ \text{cm}}{2} \cdot (46{,}9\ \text{cm} - 5{,}5\ \text{cm}) + 15 \cdot 10{,}8\ \text{cm}^2 \cdot \dfrac{13{,}4\ \text{cm}}{16{,}5\ \text{cm}} \cdot 43{,}8\ \text{cm}} =$$

$$= 40{,}1\ \text{kg/cm}^2;$$

$$\hat{\sigma}_e = \frac{40{,}1\ \text{kg/cm}^2 \cdot 15}{16{,}5\ \text{cm}} \cdot (16{,}9\ \text{cm} - 16{,}5\ \text{cm}) = 1110\ \text{kg/cm}^2;$$

$$\hat{\sigma}_e' = \frac{40{,}1\ \text{kg/cm}^2 \cdot 15}{16{,}5\ \text{cm}} \cdot (16{,}5\ \text{cm} - 3{,}1\ \text{cm}) = 489\ \text{kg/cm}^2.$$

Die Querkraft an den äußeren Auflagern beträgt:

$$\hat{Q} = (0{,}375 \cdot 1303\ \text{kg/cm} + 0{,}4375 \cdot 1125\ \text{kg/m}) \cdot 4{,}08\ \text{m} = 4002\ \text{kg};$$

Schubspannnung:

$$\hat{\tau}_0 = \frac{4002\ \text{kg}}{20\ \text{cm} \cdot (29{,}1\ \text{cm} - 5{,}5\ \text{cm})} = 8{,}5\ \text{kg/cm}^2;$$

$$c = \frac{8{,}5\ \text{kg/cm}^2 - 4{,}0\ \text{kg/cm}^2}{8{,}5\ \text{kg/cm}^2} \cdot \frac{4{,}08\ \text{m}}{2} = 1{,}08\ \text{m};$$

$$F_e' = \frac{0{,}294}{1000} \cdot 108\ \text{cm} \cdot 20\ \text{cm} \cdot (8{,}5\ \text{kg/cm}^2 + 4{,}0\ \text{kg/cm}^2) = 7{,}9\ \text{cm}^2;$$

es werden 2 Eisen hochgebogen und der unten verloren gegangene Querschnitt durch Schlaufen $d = 10$ mm ersetzt; der Querschnitt der aufgebogenen Eisen beträgt $\tfrac{1}{2} \cdot 10{,}8\ \text{cm}^2 = 5{,}4\ \text{cm}^2$; von diesen Eisen werden nur $\dfrac{5{,}4}{7{,}9} \cdot 100 = 68\,\%$ der Schubspannung aufgenommen; es sind daher noch Bügel zur Aufnahme der übrigen $32\,\%$ der Schubspannung anzuordnen; sollen die Bügel die gesamte Schubspannung aufnehmen, so wäre ein Gesamtquerschnitt an Bügeln für jede Balkenhälfte erforderlich von

$$F_e = \frac{0{,}502}{1000} \cdot 108\ \text{cm} \cdot 20\ \text{cm} \cdot (8{,}5\ \text{kg/cm}^2 + 4{,}0\ \text{kg/cm}^2) = 13{,}6\ \text{cm}^2;$$

bei einem Bügeldurchmesser d = 6 mm sind erforderlich für jede Balkenhälfte unter Berücksichtigung, daß nur 32 % des Querschnittes F_e notwendig sind: $i = \dfrac{0,32 \cdot 13,6 \text{ cm}^2}{2 \cdot 0,283 \text{ cm}^2} = 8$ Stück; nach § 17 Abs. 4 der minist. Best. braucht die Haftspannung nicht nachgewiesen zu werden, weil die Enden der Eisen mit runden Haken versehen und die Eisen nicht stärker als 26 cm sind.

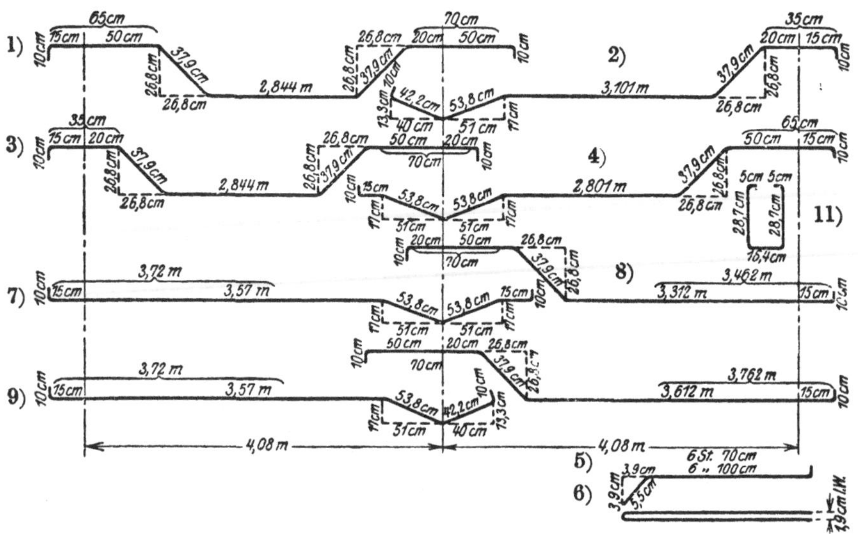

Fig. 122.

Rundeisenverzeichnis:

1) 3 Stück d = 19 mm, 5,152 m lang;
2) 3   „   d = 19 „   4,99 „   „
3) 3   „   d = 18 „   4,852 „   „
4) 3   „   d = 18 „   5,256 „   „
5) 6   „   Schlaufen d = 10 mm, 1,64 m lang;
6) 6   „   „   d = 10 „   2,24 „   „
7) 3   „   d = 19 mm, 5,146 m lang;
8) 3   „   d = 19 „   4,741 „   „
9) 3   „   d = 18 „   4,88 „   „
10) 3   „   d = 18 „   5,041 „   „
11) 96 Stück Bügel d = 6 mm, 84 cm lang.

Beispiel 29: Hauptunterzug: l = 4,65 m; gleichmäßig vertikale Belastung durch das Eigengewicht:

$$\hat{g} = 0,32 \text{ m} \cdot 0,44 \text{ m} \cdot 2400 \text{ kg/m}^3 = 338 \text{ kg/m};$$

Einzellast in Feldmitte durch die ständige Belastung der Unterzüge:

$$\hat{P}_g = 4{,}08 \text{ m} \cdot 1303 \text{ kg/m} = 5316 \text{ kg};$$

desgl. durch die Nutzlast:

$$\hat{P}_p = 4{,}08 \text{ m} \cdot 1125 \text{ kg/m} = 4590 \text{ kg};$$

nach der Clapeyronschen Gleichung ist, wenn sämtliche Stützen gleich hoch sind (s. Hütte, 21. Aufl. I., S. 585):

$$\mathfrak{M}_0 l_0 + 2\,\mathfrak{M}_1(l_0 + l_1) + \mathfrak{M}_2 \cdot l_1 = -\tfrac{1}{4}(q_0 \cdot l_0{}^3 + q_1 l_1{}^3) - \frac{\Sigma \hat{P}_0 \cdot a_0 \cdot (l_0{}^2 - a_0{}^2)}{l_0} -$$

$$- \frac{\Sigma \hat{P}_1 \cdot a_1 \cdot (l_1{}^2 - a_1{}^2)}{l_1};$$

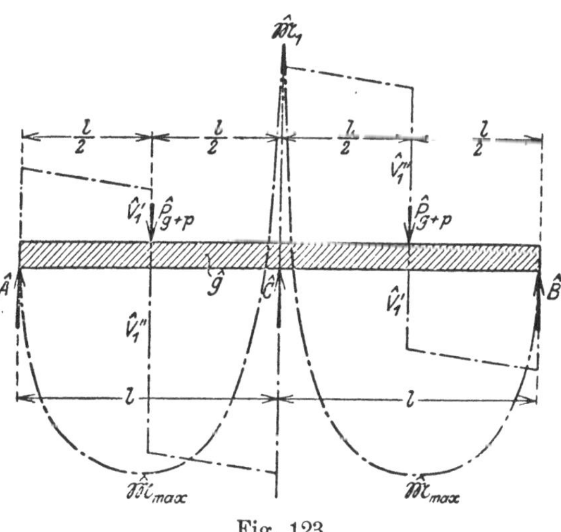

Fig. 123.

für den neben skizzierten Belastungsfall ist daher, da $\mathfrak{M}_0$ und $\mathfrak{M}_2 = 0$:

hieraus:

$$2\,\mathfrak{M}_1 \cdot 2\,l = -\tfrac{1}{4} \cdot 2\,\hat{g} \cdot l^3 - \frac{2\,\hat{P} \cdot \dfrac{l}{2} \cdot \tfrac{3}{4}\,l^2}{l};$$

$$\mathfrak{M}_1 = \tfrac{1}{8} \cdot \hat{g} l^2 - \tfrac{3}{16} \cdot \hat{P} \cdot l = -\tfrac{1}{8} \cdot 338 \text{ kg/m} \cdot (4{,}65 \text{ m})^2 -$$

$$- \tfrac{3}{16} \cdot 9906 \text{ kg} \cdot 4{,}65 \text{ m} = -9179 \text{ mkg};$$

die Stützendrucke, welche sich ergeben würden, wenn der Träger über der Mittelstütze gestoßen würde, ergeben sich zu:

$$\mathfrak{A} = \tfrac{1}{2} \cdot \hat{g} \cdot l + \tfrac{1}{2}\,\hat{P}_{g+p} = \tfrac{1}{2} \cdot 338 \text{ kg/m} \cdot 4{,}65 \text{ m} + \tfrac{1}{2} \cdot 9906 \text{ kg} =$$

$$= 5739 \text{ kg} = \mathfrak{B};$$

$$\mathfrak{C} = 2 \cdot 5739 \text{ kg} = 11478 \text{ kg};$$

die Stützendrucke für den kontinuierlichen Träger ergeben sich sodann zu:

$$\hat{A} = \hat{\mathfrak{A}} + \frac{\mathfrak{M}_1 - \mathfrak{M}_0}{1} = 5739\,\text{kg} - \frac{9179\,\text{m/kg}}{4{,}65\,\text{m}} = 3765\,\text{kg};$$

$$\hat{B} = \hat{A} = 3765\,\text{kg};$$

$$C = \hat{\mathfrak{C}} + \frac{\mathfrak{M}_0 - \mathfrak{M}_1}{l_0} + \frac{\mathfrak{M}_2 - \mathfrak{M}_1}{l_1} = 11478\,\text{kg} + 2 \cdot \frac{9179\,\text{m/kg}}{4{,}65\,\text{m}} =$$
$$= 15426\,\text{kg};$$

gefährlicher Querschnitt:

$$\hat{V}_1 = 3765\,\text{kg} - \tfrac{1}{2} \cdot 4{,}65\,\text{m} - 338\,\text{kg/m} = 2979\,\text{kg};$$

$$\hat{V}_1'' = 2979\,\text{kg} - 9906\,\text{kg} = 6927\,\text{kg};$$

daher $x' = \dfrac{1}{2}$;

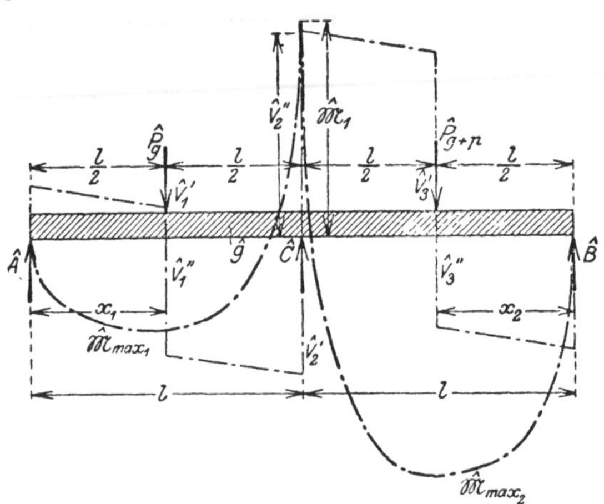

Fig. 124.

Maximalbelastungsmoment in Feldmitte:

$$\hat{\mathfrak{M}}_{max} = 3765\,\text{kg} \cdot \tfrac{1}{2} \cdot 4{,}65\,\text{m} - 338\,\text{kg/m} \cdot \frac{(2{,}325\,\text{m})^2}{2} = 7841\,\text{mkg}.$$

Stützenmoment für den neben skizzierten Belastungsfall:

$$\hat{\mathfrak{M}}_1 = -\tfrac{1}{8} \cdot \hat{g} \cdot l^2 - \tfrac{3}{32} \cdot (\hat{P}_g + \hat{P}_{g+p}) \cdot 1 = -\tfrac{1}{8} \cdot 338\,\text{kg/m} \cdot (4{,}65\,\text{m})^2 -$$
$$- \tfrac{3}{32} \cdot (5316\,\text{kg} + 9906\,\text{kg}) \cdot 4{,}65\,\text{m} = 7550\,\text{mkg};$$

Die Stützendrucke, welche sich ergeben würden, wenn der Träger über der Mittelstütze gestoßen wäre, ergeben sich zu:

$$\hat{\mathfrak{A}} = \tfrac{1}{2} \cdot \hat{g} \cdot 1 + \tfrac{1}{2}\hat{P}_g = \tfrac{1}{2} \cdot 338\,\text{kg/m} \cdot 4{,}65\,\text{m} + \tfrac{1}{2} \cdot 5316\,\text{kg} = 3444\,\text{kg};$$

$$\hat{\mathfrak{B}} = \tfrac{1}{2} \cdot \hat{g} \cdot 1 + \tfrac{1}{2}\hat{P}_{g+p} = 786\,\text{kg} + \tfrac{1}{2} \cdot 9906\,\text{kg} = 5739\,\text{kg};$$

$$\hat{\mathfrak{C}} = 3444\,\text{kg} + 5739\,\text{kg} = 9183\,\text{kg}.$$

Stützendrucke des kontinuierlichen Balkens:

$$\hat{A} = \hat{\mathfrak{A}} + \frac{\hat{\mathfrak{M}}_1 - \hat{\mathfrak{M}}_0}{l_0} = 3444\,\text{kg} - \frac{7550\,\text{m/kg}}{4,65\,\text{m}} = 1820\,\text{kg};$$

$$\hat{B} = \hat{\mathfrak{B}} + \frac{\hat{\mathfrak{M}}_1 - \hat{\mathfrak{M}}_2}{l_1} = 5739\,\text{kg} - \frac{7550\,\text{kg}}{4,65\,\text{m}} = 4115\,\text{kg};$$

$$\hat{C} = \hat{\mathfrak{C}} + \frac{\hat{\mathfrak{M}}_0 - \hat{\mathfrak{M}}_1}{l_0} + \frac{\hat{\mathfrak{M}}_2 - \hat{\mathfrak{M}}_1}{l_1} = 9183\,\text{kg} + 2 \cdot \frac{7550\,\text{kg}}{4,65\,\text{m}} =$$
$$= 12\,431\,\text{kg}.$$

Gefährlicher Querschnitt:

$$\hat{V}_1{}' = 1820\,\text{kg} - \tfrac{1}{2} \cdot 338\,\text{kg/m} \cdot 4,65\,\text{m} = 1034\,\text{kg};$$

$$\hat{V}_1{}'' = 1034\,\text{kg} - 5316\,\text{kg} = -4282\,\text{kg};$$

$$x_1 = \frac{1}{2} \cdot$$

$$\hat{V}_2{}' = -4282\,\text{kg} - 786\,\text{kg} = -5068\,\text{kg};$$

$$\hat{V}_2{}'' = -5068\,\text{kg} + 12\,431\,\text{kg} = +7363\,\text{kg};$$

$$\hat{V}_3{}' = 7363\,\text{kg} - 786\,\text{kg} = +6577\,\text{kg};$$

$$\hat{V}_3{}'' = 6577\,\text{kg} - 9906\,\text{kg} = -3329\,\text{kg};$$

$$x_2 = \frac{1}{2}$$

$$\hat{B} = -3329\,\text{kg} - 786\,\text{kg} = -4115\,\text{kg}.$$

Maximalfeldmomente:

$$\hat{\mathfrak{M}}_{\text{max}_1} = 1820\,\text{kg} \cdot \tfrac{1}{2} \cdot 4,65\,\text{m} - 338\,\text{kg/m} \cdot \frac{(2,325\,\text{m})^2}{2} = 3319\,\text{mkg};$$

$$\hat{\mathfrak{M}}_{\text{max}_2} = 4115\,\text{kg} \cdot \tfrac{1}{2} \cdot 4,65\,\text{m} - 913\,\text{m/kg} = 8654\,\text{mkg};$$

das größte Maximalfeldmoment ist im Abstande $x_2 = \tfrac{1}{2} \cdot 4,65\,\text{m}$ vom Auflager B für den 2. Belastungsfall: $\hat{\mathfrak{M}}_{\text{max}_2} = 8654\,\text{mkg}$.

$$h = 54\,\text{cm}; \quad a = a' = 1,5\,\text{cm} + 0,6\,\text{cm} + \tfrac{1}{2} \cdot 2,0\,\text{cm} = 3,1\,\text{cm};$$

$$F_e = 22,0\,\text{cm}^2\,(7 \times d = 20\,\text{mm}); \quad b_1 \geqq 7 \cdot 2,0\,\text{cm} + 6 \cdot 2,0\,\text{cm} +$$
$$+ 2 \cdot 0,6\,\text{cm} + 2 \cdot 1,5\,\text{cm} = 32\,\text{cm}.$$

$$b = (8 \cdot \mathbf{10}\,\text{cm} \text{ oder } 2 \cdot 54\,\text{cm} \text{ oder } 4 \cdot \mathbf{20}\,\text{cm} \text{ oder } \tfrac{1}{2} \cdot 4,08\,\text{m}) = 80\,\text{cm}.$$

$$x = \frac{\tfrac{1}{2} \cdot (10,0\,\text{cm})^2 \cdot 80\,\text{cm} + 15 \cdot 22,0\,\text{cm}^2 \cdot 50,9\,\text{cm}}{10,0\,\text{cm} \cdot 80\,\text{cm} + 15 \cdot 22,0\,\text{cm}^2} = 18,4\,\text{cm};$$

$$y = 18,1\,\text{cm} - 5,0\,\text{cm} + \frac{(10,0\,\text{cm})}{6 \cdot (2 \cdot 18,4\,\text{cm} - 10,0\,\text{cm})} = 13,7\,\text{cm};$$

$$\hat{\sigma}_e = \frac{865\,400\,\text{cm/kg}}{22,0\,\text{cm}^2 \cdot (50,9\,\text{cm} - 4,7\,\text{cm})} = 852\,\text{kg/cm}^2;$$

$$\hat{\sigma}_b = \frac{852\,\text{kg/cm}^2 \cdot 18,4\,\text{cm}}{15 \cdot (50,9\,\text{cm} - 18,4\,\text{cm})} = 32,2\,\text{kg/cm}^2;$$

die größte Querkraft an den äußeren Auflagern ist im 2. Belastungsfall $\hat{B} = -4115$ kg, daher

$$\hat{\tau}_0 = \frac{4115\ \text{kg}}{32\ \text{cm}^2 \cdot (50,9\ \text{cm} - 4,7\ \text{cm})} = 2,8\ \text{kg/cm}^2;$$

die Schubspannung bleibt daher unter der zulässigen Grenze; es werden trotzdem (an beiden Enden) an dem einen Unterzug 3, am anderen 4 Rundeisen hochgebogen und an den äußeren Enden der unten verloren gegangene Querschnitt durch Schlaufen $d = 10$ mm ersetzt und außerdem werden noch in jedem Feld 12 Bügel $d = 6$ mm angebracht. Über der Stütze sind dann oben und unten je 7 Rundeisen $d = 20$ mm vorhanden, so daß der Querschnitt daselbst doppelt armiert in Rechnung gestellt werden kann. Das Maximalbelastungsmoment über der Stütze ist in dem 1. Belastungsfall:

$$\hat{\mathfrak{M}}_1 = -9179\ \text{m/kg};\quad b = 32\ \text{cm};$$

$$h = 54\ \text{cm};\ a = a' = 3,1\ \text{cm};\ F_e = F_e' = 22,0\ \text{cm}^2\,(7 \times d = 21\ \text{mm});$$

$$x = \frac{2 \cdot 15\ \text{cm} \cdot 22,0\ \text{cm}^2}{32\ \text{cm}} \cdot \left[\sqrt{1 + \frac{54\ \text{cm}}{20,6\ \text{cm}}} - 1\right] = 18,6\ \text{cm};$$

$$\hat{\sigma}_b = \frac{917\,900\ \text{cm/kg}}{\dfrac{32\ \text{cm} \cdot 18,6\ \text{cm}}{2} \cdot (50,9\ \text{cm} - 6,2\ \text{cm}) + 15 \cdot 22,0\ \text{cm}^2 \cdot \dfrac{15,5\ \text{cm}}{18,6\ \text{cm}} \cdot 47,8\ \text{cm}}$$
$$= 34,4\ \text{kg/cm};$$

$$\hat{\sigma}_e = \frac{34,4\ \text{kg/cm}^2 \cdot 15}{18,6\ \text{cm}} \cdot (50,9\ \text{cm} - 18,6\ \text{cm}) = 895\ \text{kg/cm}^2;$$

$$\hat{\sigma}_e' = \frac{34,4\ \text{kg/cm}^2 \cdot 15}{18,6\ \text{cm}} \cdot (18,6\ \text{cm} - 3,1\ \text{cm}) = 429\ \text{kg/cm}^2.$$

Die größte Querkraft vor und hinter der Mittelstütze im Belastungsfall 1 ist:

$$\hat{V}_2 = \pm \tfrac{1}{2} \cdot 15\,426\ \text{kg} = \pm 7713\ \text{kg};$$

$$\hat{\tau}_0 = \frac{7713\ \text{kg}}{32\ \text{cm} \cdot (50,9\ \text{cm} - 6,2\ \text{cm})} = 5,4\ \text{kg/cm}^2;$$

$$c = \frac{5,4\ \text{kg/cm}^2 - 4,0\ \text{kg/cm}^2}{5,4\ \text{kg/cm}^2} \cdot \frac{4,65\ \text{cm}}{2} = 0,60\ \text{cm}^2;$$

$$F_e' = \frac{0,294}{1000} \cdot 60\ \text{cm} \cdot 32\ \text{cm} \cdot (5,4\ \text{kg/cm}^2 + 4,0\ \text{kg/cm}^2) = 53,\ \text{cm}^2;$$

3 Eisen sind hochgebogen mit einem Gesamtquerschnitt von 9,4 cm²; außerdem werden noch 12 Bügel $d = 6$ mm angebracht.

Rundeisenverzeichnis:

1) 2 Stück $d = 20$ mm, 5,746 m lang;
2) 2   „ $d = 20$ „   5,946 „   „

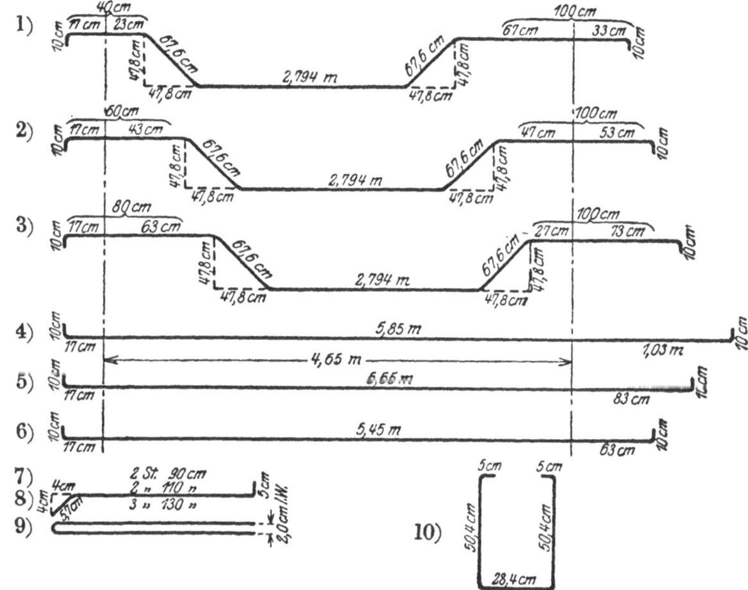

Fig. 125.

3) 3 Stück d = 20 mm 6,146 m lang;
4) 2   „   d = 20 „   6,05 „   „
5) 2   „   d = 20 „   5,85 „   „
6) 3   „   d = 20 „   5,65 „   „
7) 2   „   Schlaufen d = 10 mm, 2,04 m lang;
8) 2   „   „   d = 10 „   2,44 „   „
9) 3   „   „   d = 10 „   2,84 „   „
10) 24 Bügel d = 6 mm, 1,392 m lang.

Die Grundzüge des Eisenbetonbaues. Von Geheimem Hofrat
M. Foerster, ord. Professor an der Technischen Hochschule in Dresden. Mit
164 Textabbildungen. Gebunden Preis M. 18.—

Vorlesungen über Eisenbeton. Von Dr.-Ing. **E. Probst,** ord.
Professor an der Technischen Hochschule in Karlsruhe. Erster Band:
Allgemeine Grundlagen. — Theorie und Versuchsforschung. — Grundlagen
für die statische Berechnung. — Statisch unbestimmte Träger im Lichte
der Versuche. Mit 171 Textfiguren. Gebunden Preis M. 18.—

**Einfluß der Armatur und der Risse im Beton auf die
Tragsicherheit.** Ergebnisse aus den Untersuchungen der Abteilung I
für Metallprüfung mit armierten Betonbalken, bearbeitet und besprochen
von E. Probst, Zivilingenieur. Mit 77 Abbildungen im Text und 9 Tafeln.
Preis M. 15.—

**Die Wirtschaftlichkeit als Konstruktionsprinzip im
Eisenbetonbau.** Von Dr.-Ing. **Max Mayer.** Mit 30 Textfiguren,
15 Zahlentabellen und 1 Formeltafel. Preis M. 5.40

**Über das Wesen und die wahre Größe des Verbundes
zwischen Eisen und Beton.** Von Dr.-Ing. Adolf Kleinlogel.
Mit 5 Text- und 9 Tafelfiguren. Preis M. 2.40

Vereinfachte Berechnung eingespannter Gewölbe. Von
Dr.-Ing. **Kögler,** Stadtbaumeister und Privatdozent in Dresden. Mit 8 Textfiguren. Preis M. 2.—

Schubwiderstand und Verbund in Eisenbetonbalken
auf Grund von Versuch und Erfahrung. Von Dr.-Ing. **R. Saliger,** ord.
Professor der Technischen Hochschule in Wien. Mit 25 Tabellen und 139
Abbildungen. Preis M. 5.—

**Berechnung der Einsenkung von Eisenbetonplatten
und Plattenbalken.** Von Dr.-Ing. **Karl Heintel,** Regierungs-
baumeister. Mit 37 Figuren. Preis M. 2.60

**Berechnung des kontinuierlichen Balkens mit ver-
änderlichem Trägheitsmoment auf elastisch dreh-
baren Pfeilern** sowie Berechnung des mehrfachen Rahmens mit
geradem Balken nach der Methode der Fixpunkte. Von Dr.-Ing. **Ernst
Suter,** Oberingenieur der Wayss & Freytag A.-G. in Neustadt an der Hardt.
Preis M. 4.—

Hierzu Teuerungszuschläge